多维度视角下的
物理教学方法研究

高 路 著

北 京

冶 金 工 业 出 版 社

2023

内 容 提 要

本书旨在帮助教育从业者和研究者更好地理解物理教学方法的多维度视角，以提高物理教育的质量和效果，提升学生的学习成就和激发其兴趣。作者深入探讨了物理教学方法的多维度视角，为教育领域的研究者、教育工作者和决策者提供了关于如何改善物理教学的宝贵意见。全书六个章节全面涵盖了物理教育领域的重要议题，并结合了认知、社会文化、技术和评价视角，同时分析了物理教学方法的新发展趋势，包括科技创新对物理教学方法的影响以及新形势下物理教育的发展趋势，为读者提供了全面的教育方法研究资料。

本书可供物理教师、教育研究者、教育管理者、教育政策制定者、教育专业学生参考。

图书在版编目 (CIP) 数据

多维度视角下的物理教学方法研究/高路著 . —北京：冶金工业出版社，2023. 11

ISBN 978-7-5024-9669-2

Ⅰ. ①多… Ⅱ. ①高… Ⅲ. ①物理教学—教学研究 Ⅳ. ①O4

中国国家版本馆 CIP 数据核字 (2023) 第 215933 号

多维度视角下的物理教学方法研究

出版发行 冶金工业出版社		**电 话**	(010) 64027926
地 址 北京市东城区嵩祝院北巷 39 号		**邮 编**	100009
网 址 www. mip1953. com		**电子信箱**	service@ mip1953. com

责任编辑 姜恺宁 美术编辑 燕展疆 版式设计 郑小利
责任校对 梁江凤 责任印制 禹 蕊
北京建宏印刷有限公司印刷
2023 年 11 月第 1 版，2023 年 11 月第 1 次印刷
710mm×1000mm 1/16；10.5 印张；205 千字；160 页
定价 87. 00 元

投稿电话 (010) 64027932 投稿信箱 tougao@ cnmip. com. cn
营销中心电话 (010) 64044283
冶金工业出版社天猫旗舰店 yjgycbs. tmall. com
(本书如有印装质量问题，本社营销中心负责退换)

前言

本书全面探索物理教育领域中各种教学方法,以认知、社会文化、技术和评价等不同视角为基础,提供实用性更强的物理教学方法。

物理教育是培养学生科学素养的重要组成部分,而教学方法则是实现物理有效教育的核心。本书从多个视角出发,深入研究了物理教学方法,并提供了行之有效的教学策略和方法。相信本书对广大物理教师将会有很大的帮助,有助于提高其教学效果和水平。

全书共分为六章,第一章主要介绍了物理教学方法研究的背景和意义,同时对相关学科领域的研究进行了综述。第二章至第五章分别从认知、社会文化、技术和评价四个角度来探讨物理教学方法:第二章从认知视角出发,介绍了认知心理学的基础知识,并提供了多种认知视角下的物理教学方法策略及其应用;第三章则着眼于社会文化视角,从语境分析、跨文化物理教学方法设计和实践以及社交性学习等方面,提供了丰富的物理教学方法;第四章则聚焦于技术视角,介绍了数字化物理教育资源、在线物理教学平台、多媒体教学法、虚拟实验教学法和工程设计思维等在物理教学方法中的应用;第五章则从评价视角出发,探讨了传统评估方法与局限性、多元评价方法及其应用以及符合评价视角的物理教学方法设计。第六章则展望了未来物理教学方法的发展趋势,并提供了有益的建议和启示。

在新形势下,物理教育将会迎来更多的机遇和挑战。广大物理教师应加强自身素质的提高,积极创新教学方法,开展教育实践和实验研究,推动课程改革和创新教育模式的实践。

在本书撰写过程中,得到了有关专家学者们的支持和帮助。同时,我也要感谢我的家人,在工作和生活中一直给予我鼓励和支持,没有他们我无法顺利完成这本书。

　　由于作者水平所限，书中不妥之处，敬请广大读者批评指正。希望本书能够为您提供有益的指导和思路，促进物理教学不断发展和进步。

2023 年 4 月

目录

第一章
综述

物理教学方法的优化与创新，对于提高学生学习效果、培养学生的创新能力和思维能力、促进学生职业发展和社会关系等方面具有重要意义。本书旨在从多维度视角出发，探讨物理教学方法的研究，为物理教育改革提供参考。第一章综述部分将从物理教学方法研究的历史概述、背景与动因以及意义与价值三个方面进行论述，并介绍相关学科领域的研究综述和本书的组织结构和内容概览，为读者提供全面的物理教学方法研究背景和意义的概述。本书将从传统物理教学方法到信息化时代下的物理教学模式、从课堂教学到实验教学和跨学科教学等不同角度入手，探讨物理教学方法的现状、挑战和未来发展趋势，以期为教育工作者和研究者提供有益的启示。

第一节 物理教学方法研究背景和意义

一、物理教学方法研究的历史概述

物理教学方法研究是指对物理课程教学中的教学方法、学习策略等方面进行系统性探究的学科。物理教学方法的发展可以追溯到 20 世纪初期，当时主要关注于如何更好地组织物理实验室教学和课堂教学，并发展出一系列的教学模式和方法。

在早期的物理教育中，许多教师主要采用传统的"讲授-笔记"的方式进行课堂教学，这种教学模式往往较为单一，难以激发学生的兴趣和创造力。因此，在 20 世纪 50 年代和 60 年代，随着社会经济的发展和人们对科学技术的需求增加，物理教育逐渐成为各国教育体制中不可或缺的一部分。此时，物理教学方法的研究重点转向了学生的学习过程和教师的教学能力[1]。

20 世纪 70 年代和 80 年代，随着认知心理学和教育技术学等领域的发展，物理教学方法得到了更加深入的研究。同时，计算机辅助教学、合作学习等新型教学模式被广泛应用于物理教育中，为物理教学方法的创新和优化提供了新思路。

近年来，随着信息技术的不断发展和教育改革的推进，物理教学方法的研究也面临新的机遇和挑战。例如，移动学习、在线课程等新型教学模式快速崛起，如何将这些新模式与传统物理教育相结合，既满足学科知识的要求，又符合现代社会的需求，成为当前物理教学方法研究的重点和难点。

物理教学方法的历史发展表明，社会需求和科学技术进步都对其产生了影响，推动了物理教学方法的不断创新和发展。通过对物理教学方法历史的总结和回顾，可以更好地认识到物理教育与社会、科学技术发展的紧密联系，也为今后物理教学方法的研究提供了重要的参考。

二、物理教学方法研究的背景与动因

物理教学方法的研究背景和动因是多方面的，涉及教育改革、科技进步、学生需求和教师教学能力提升等多个层面。这些因素共同促成了物理教学方法的不断创新和优化，推动了物理教育事业的发展和进步。

（一）教育改革的需要

物理教学方法的研究背景主要源自全球化背景下市场经济的发展、科技水平的提高和信息技术的普及，传统的教育方式已经不能满足社会对创新型人才的需求。因此，各国纷纷开始进行教育改革，以培养具有创新精神和实践能力的人才。

而在大型教育改革中，物理教育同样需要不断地适应时代的发展和社会的需求。物理教育的重点已从单纯的知识传授转向了能力培养和综合素质教育。这就需要物理教学方法的创新和优化，以更好地满足学生的学习需求，并培养学生的实践能力和创新精神。

具体来说，物理教学方法的创新和优化可以帮助学生更好地理解和掌握物理知识。传统的讲授式教学模式常常会出现教师在讲解过程中注意事项过多，时间分配不当，导致学生无法完理解和掌握物理知识的问题。而通过采用探究式学习、案例教学、合作学习等新颖的物理教学方法，可以更好地吸引学生的注意力和兴趣，提高学生对物理知识的掌握程度。

物理教育的目标也在逐渐转向培养学生的实践能力和创新精神。这就需要物理教学方法的改革和创新，以培养学生的实践能力和创新精神。通过实验教学、项目教学、竞赛活动等多种方式和策略，可以让学生更加深入地了解物理知识，掌握科学探究的方法和技能，从而培养学生的实践能力和创新精神[2]。

物理教学方法的创新和优化还可以促进学生的终身学习和职业发展。通过不断更新和优化教学方法和策略，激发学生学习的兴趣和动力，提高学习效果，可以使学生形成积极向上的学习态度和行为，从而促进终身学习和职业发展。

（二）科技水平的提高

随着现代科学技术的快速发展，物理学作为科学的基础学科，在现代社会中的重要性日益凸显。物理学不仅是许多高新技术的基础，也是解决当今社会面临的各种问题的关键所在。因此，越来越多的人认识到学好物理学是极为必要的。

教育系统对于物理学教育的重视也随之增强。物理学作为一门基础学科，其教育的重要性在于能够培养学生的科学思维和创新精神，并为学生未来的职业发展打下坚实的基础。在这样的背景下，物理教学方法的研究也就成为不可或缺的一环。

随着科技水平的提高，物理教学方法也需要不断地创新和改进，以更好地适应现代社会的需求。例如，在信息化时代，计算机辅助教学、网络课程等新型教学模式得到广泛应用。这些新技术的运用，能够帮助学生更加直观地理解抽象的物理概念，提高学生的学习兴趣和动力。

在现代社会中，实践能力和创新精神也成为人才培养的重要目标。因此，物理教学方法的研究还需要关注如何培养学生的实践能力和创新精神。通过实验教学、探究式学习等多种方式，可以让学生更好地了解物理知识，提高学生的实践能力和创新精神，使得学生在以后的职业发展中具有更强的竞争力。

（三）学生的学习需求

物理教学方法的研究源于学生的学习需求，这是因为传统的物理教学方法往往比较死板、缺少趣味性，难以激起学生的学习兴趣。另外，由于学生个体差异较大，不同能力的学生对于教学内容的掌握情况也有所不同。

为了更好地满足学生的学习需求，需要不断寻找更加优秀的物理教学方法，从而提高学生的学习效果。实验教学、案例教学、项目教学等多种形式都是目前比较流行和有效的物理教学方法。

（1）实验教学可以帮助学生更好地理解和掌握物理知识。在实验教学中，学生可以亲自动手进行实验，观察现象、分析数据，从而更加深入地理解物理知识。实验教学还可以帮助学生培养观察、分析和解决问题的能力，提高学生的实践能力和创新精神。

（2）案例教学是一种基于实际案例的教学模式。在案例教学中，通过引入真实的案例，让学生在分析和讨论案例的过程中掌握物理知识。这种教学方法可以帮助学生更好地理解抽象的物理概念，提高学生的应用能力和创新精神。

（3）项目教学是一种基于学生自主学习和合作学习的教学模式。在项目教学中，学生需要选择和设计一个实际的项目，并在团队合作的基础上完成项目的设计、实施和评估。这种教学方法不仅可以让学生更好地掌握物理知识，还可以培养学生的团队合作、沟通和领导能力，提高学生的综合素质和创新精神。

（四）教师的教学能力提升

教师是物理教育的重要组成部分。传统的物理教学方法往往缺乏针对性和实效性，难以满足教师教学需要。为了提高教师的教学能力，物理教学方法的研究应该关注如何为教师提供更加有效的教学方法和策略。

（1）采用反思性实践来提高教师的教学水平和创新能力。反思性实践是指教师通过反思自己的实践经验来发现问题、解决问题和改进教学。这种方式可以帮助教师认识到自己的教学行为和教学效果，从而更好地调整和提升自己的教学策略[3]。

（2）个性化培训。不同的教师在教学中存在不同的问题和需求，因此需要按照教师个人的情况进行个性化培训。这种培训方式可以更好地满足教师的需求，并根据教师的特点提供相应的教学方法和策略。

（3）采用其他的教学方法和策略来提高教师的教学能力，如课程设计、教材选择、教学评估等。这些方法和策略可以帮助教师更好地理解学生的需求，更好地组织和安排教学内容，从而提升物理教学质量。

三、物理教学方法研究的意义与价值

物理教学方法的研究是教育领域重要的研究方向之一。在不断发展和变革的时代背景下，物理教学也需要不断适应社会需求和学生需求。因此，物理教学方法的优化和创新具有重要意义和价值。本节将从增强教育效果、培养实践能力和创新精神、促进终身学习以及推动教育改革四个方面，详细阐述物理教学方法研究的意义与价值，为后续章节的论述提供基础和支撑。

（一）增强教育效果

物理教学方法的研究可以帮助教师更好地组织课堂、设计实验和活动，从而提高教学效果。通过采用新颖的教学策略和方法，能够增强学生对物理知识的掌握和应用能力，促进学生的综合素质发展。

其中，案例教学、项目教学、合作学习等方式是比较流行和有效的物理教学方法。在案例教学中，学生将会以真实的案例为基础，通过分析和讨论案例的过程中掌握物理知识，这种方法能够帮助学生更好地理解抽象的物理概念，提高学生的应用能力和创新精神。

而在项目教学中，学生需要选择和设计一个实际的项目，并在团队合作的基础上完成项目的设计、实施和评估。这种教学方法不仅可以让学生更好地掌握物理知识，还可以培养学生的团队合作、沟通和领导能力，提高学生的综合素质和创新精神。

在合作学习中，学生可以相互协作，共同完成任务和目标。这种教学方法可以培养学生的合作精神和互动能力，提高学生的自主学习能力。

针对学生不同的个体差异，采用个性化的教学方法和策略也有利于提高教育效果。例如，在课堂中采用不同的教学方式，如板书、多媒体教学、案例分析等，以满足不同学生的需求；在实验设计中，给予学生更多的探究空间，让学生能够根据自己的兴趣和能力选择适宜的实验设计等。

因此，物理教学方法的研究可以帮助教师更好地组织课堂、设计实验和活动，从而提高教学效果。通过采用新颖的教学策略和方法，能够激发学生的学习兴趣，并增强其自主学习能力和创新精神。同时，针对学生不同的个体差异，采用个性化的教学方法和策略，也有利于提高教育效果。

（二）培养实践能力和创新精神

物理教学方法的研究可以帮助学生建立正确的科学观念，培养实践能力和创新精神。通过实验教学、探究式学习等方式，可以让学生深入了解物理知识，掌握科学探究的方法和技能，提高实践能力。

在实验教学中，学生将会亲身参与到实验中，探索物理现象的本质，从而更好地理解和掌握物理知识。这种教学方法可以让学生亲自动手，培养其实践能力和操作技巧，并促进其对物理知识的深入理解。

而在探究式学习中，学生将会自主构建问题，寻找答案，进行实验验证，从而积极主动地学习和探究物理知识。这种教学方法可以激发学生的学习兴趣和自主性，提高学生的探究能力和创新意识。

物理教学方法的创新也有助于激发学生的创新意识和创新精神。例如，在探究式学习中，学生可以自主思考和创造，通过不断尝试新的想法和方法，培养其创新能力和创新精神。在合作学习中，学生可以相互交流和合作，共同完成任务和目标，从而提高团队协作和创新能力。

此外，物理教师还可以采用其他的教学方法和策略来促进学生的创新精神，如案例教学、项目教学等。这些教学方法都旨在激发学生的思维和创造力，帮助学生更好地应对未来的挑战和机遇。

（三）促进终身学习

物理教学方法的研究可以促进学生的终身学习。通过采用多样化的教学方法和策略，可以激发学生学习的兴趣和动力，提高其自主学习能力和学习效果，从而促进终身学习[4]。

为了满足不同学生的需求和潜力，物理教师需要采用多样化的教学方法和策略。例如，在教学中应用多种媒介和资源，如多媒体教学、网络教学等，以增强学生的学习兴趣和趣味性。采用探究式学习、案例教学、项目教学等方式，可以让学生更加深入地掌握知识，培养自主学习能力和创新精神，也有助于促进学生的终身学习。

物理教学方法的研究还可以帮助学生建立正确的学习态度和价值观。例如，在教学过程中，物理教师可以通过案例分析、实验设计等方式，帮助学生了解科学的本质，理解科学知识的重要性和应用价值，形成积极向上的学习态度和价值观。此外，教师还可以通过自我评估、反思等方式，引导学生从学习中总结经验，发现问题，形成积极的学习习惯和行为。

（四）推动教育改革

物理教学方法的研究对于推动教育改革具有重要作用。通过不断创新和优化教学方法和策略，可以适应社会的变化和需求，推动教育体制的改革和升级。

在信息化时代，物理教学方法的创新需要结合现代技术手段和教育资源，探索出适合当前时代背景下的物理教学新模式和新路径。例如，采用多媒体教学、网络教学等方式，可以将教学资源和信息传递到更广泛的师生群体中，提高教学效率和质量。同时，还可以引入虚拟实验室、在线模拟等教学工具，使学生可以更加方便地进行实验探究和科学研究。

除了技术手段，物理教学方法的创新还需要紧密结合教育改革的大背景。例如，在素质教育的背景下，物理教学需要注重学生综合素质的培养，强调学生自主学习和创新能力的提升。同时，物理教学还需要结合国家发展战略，关注经济发展和人才培养需求，注重从教育的角度培养具有国际竞争力的人才。

通过对物理教学方法的研究，可以不断推进教育改革和现代化，还可以加强与社会、产业之间的联系，注重教育与实践的融合，为社会经济发展和人才培养做出更大的贡献。

第二节 相关学科领域的研究综述

一、教育心理学领域中与物理学习相关的研究

教育心理学领域中与物理学习相关的研究一直是物理教学方法研究的重要方向之一。近年来，涉及学习策略、学习动机、元认知、学习风格和跨学科合作等多个方面的研究已经逐渐深入，为物理教学提供了更加全面、科学的理论支持[5]。通过对学生学习过程中的认知、情感和行为等方面的研究，可以优化教学策略和方法，提高学生的学习效果和质量。未来，我们有必要继续深入探讨这些方面的研究，以进一步完善物理教学的理论框架和实践应用，为推进物理教育现代化和智能化做出更大的贡献。

（一）学习策略的研究

学习策略是指学生在学习过程中采用的思维和行为方式，包括记忆、理解、应用等多种策略。研究表明，在物理学习过程中，采用正确的学习策略可以提高学生的学习效果。这些策略可以帮助学生更好地理解物理概念，掌握解决问题的方法，并提高学习效率。

其中，概念映射是一种有效的学习策略，通过将物理概念可视化并建立它们之间的联系，帮助学生更加深入地理解知识点。此外，还有其他的学习策略，如归纳法、演绎法、类比法等，都可以帮助学生更好地理解和掌握物理学知识。

采用正确的学习策略不仅可以提高学生的学习效果，还可以增强学生对物理

学的兴趣和自信心，从而促进学生的长期学习动机和积极性。因此，在物理教学中，教师应该引导学生选择适合自己的学习策略，并且尽可能地提供多种不同形式的教学活动，以便学生能够采用多种不同的学习策略。同时，教师也应该通过不断反思和改进自己的教学方法，以提高教学效果和质量。

（二）学习动机的研究

学习动机是指学生参与学习的内在推动力量，包括成就动机、自我效能等。研究表明，学生更高的学习动机可以促进其学习兴趣和积极性，从而提高学习效果。其中成就动机是指个体通过完成某项任务获得成功和认可的心理需求，具有较为稳定的特点；自我效能则是指个体对于自己完成某项任务的能力感知。

在物理学习中，学习动机的高低直接影响着学生的学习效果和积极性。教师可以通过激发学生的好奇心和探究欲望，提升学生的学习动机。例如，可以通过提供一些趣味性的实验，或者引导学生思考一些反常现象背后的原理，以激发学生的学习兴趣。同时，教师也可以通过及时的反馈和鼓励来增强学生的自我效能感，让学生相信自己能够掌握所学的物理知识，并且能够取得好的成绩。

除此之外，还有其他的方法，如多元化的教学活动和参与式教学等，也可以促进学生的学习动机和兴趣，帮助学生更加深入地理解和掌握物理学知识。例如，可以组织一些小组活动或者讨论课，鼓励学生发表自己的观点和想法，从而增强学生的参与感和归属感。此外，采用一些现代化的教学手段，如电子白板、多媒体等也可以激发学生的学习热情和兴趣，提高学生的学习效果。

（三）元认知的研究

元认知是指个体了解和控制自己的认知过程的能力，包括监控和调节学习过程、评价自己的学习状态和策略等。元认知能力在物理学习中有着重要的作用。相关研究表明，具有较高元认知水平的学生能够更好地掌握和应用物理学知识，表现出更高的学习成绩和更广泛的学科兴趣。

在物理教学中，培养学生的元认知能力需要教师和学生共同合作。首先，教师可以通过多种方式提高学生对于自身学习过程的监控和调节能力，例如，引导学生定期反思自己的学习过程，总结优缺点并进行改进；其次，教师可以对学生进行元认知教育，让学生认识到元认知能力的重要性，以及如何掌握和应用这种能力；最后，教师还可以利用各种评估工具和方法，帮助学生评价自己的学习状态和策略，从而提高其元认知水平。

除此之外，学生本身也需要具备一些条件，才能更好地掌握和应用元认知能力。例如，学生需要具备一定的自我意识和反思能力，能够了解自己的学习情况和行为模式，并且有意愿进行改进；同时，学生需要具备适应不同环境和任务的能力，以便更好地应用元认知策略。

（四）学习风格的研究

学习风格是指个体在学习过程中表现出来的偏好和倾向性，包括视觉型、听觉型、动手型等多种类型。相关研究表明，在物理学习过程中，了解学生的学习风格可以帮助教师制定相应的差异化教学策略，从而提高学生的学习效果。

在物理教学中，不同学生的学习风格各有特点。例如，视觉型学生更喜欢通过图像和图表来理解物理概念，听觉型学生则更倾向于通过听讲来掌握知识，而动手型学生则更喜欢通过实验和模型来加深对物理学知识的理解。因此，教师应该根据不同学生的学习风格来制定相应的教学策略，以达到最佳的教学效果。

首先，教师可以通过调查问卷等方式了解学生的学习风格，从而确定如何针对不同学生进行差异化教学。其次，在教学过程中，教师应该尽可能地使用多种教学方法和资料，以满足不同学生的学习需求。例如，应该使用多媒体课件、实验、模型等多种教学手段，以便不同类型的学生都可以找到适合自己的学习方式。同时，还可以利用小组讨论和互动式教学等方法，鼓励学生相互交流和分享学习心得，从而增强学生的学习效果。

除了上述教学策略外，教师还应该注重学生的反馈，及时调整教学策略，并且关注学生的学习成果和进步。例如，可以通过小测验、实验报告等方式来评估学生的学习成果，并为学生提供及时的反馈和建议。

（五）跨学科合作的研究

在物理学习过程中，涉及很多跨学科的知识和技能，如数学、计算机编程等。这些跨学科的知识和技能不仅可以帮助学生更加深入地理解物理学概念，还可以提高学生的计算和实验能力，从而培养出更具综合素质的物理学人才。因此，在教育心理学领域中，跨学科合作和交叉学科的研究也成为与物理学习相关的一个重要方向。

（1）跨学科合作可以帮助学生更好地掌握物理学知识。例如，在物理学习中，数学是一项非常重要的基础知识。通过数学的学习，学生可以更好地理解并应用物理学中的公式和定律。此外，物理学中也需要一定的计算机编程知识，以便进行模拟和数据分析。因此，在教学中，教师可以引导学生进行跨学科的学习和合作，促进不同学科之间的融合和协同。

（2）跨学科合作还可以提高学生的综合素质和创新能力。通过对不同学科知识和技能的综合运用，学生可以更好地应对现实生活和职业发展中的各种挑战。例如，在物理和工程领域的研究中，计算机编程和数学知识都是必不可少的。因此，具备这些跨学科的综合素质的人才更受欢迎，并且具有更高的职业竞争力。

跨学科合作与交叉学科的研究不仅对于学生的发展有益，对于学校和教育机构也具有重要意义。例如，学校可以通过开设跨学科课程来促进不同学科之间的融合和创新，为学生提供更全面、综合的知识和技能。同时，学校还可以积极鼓励师生参与相关的交叉学科研究，以增强学校的学术影响力和竞争力。

二、认知科学领域中与物理学习相关的研究

认知科学研究物理教学方法的背景和意义越来越受到关注。在物理学习中，个体的注意力、工作记忆、元认知能力等都是非常重要的认知因素[6]。针对这些认知因素，认知科学领域中的研究人员提出了一系列针对性的教学策略，包括微观世界的学习、模型建构与使用、视觉化学习以及创造性学习等。最新的研究成果表明，这些教学策略对于提高学生的学习效果和质量具有显著的作用。因此，在今后的物理教学实践中，应该加强认知科学的研究，采取更加针对性和有效的教学方法，帮助学生充分掌握物理学习所需的认知技能，从而提高学生的学习效率和水平。

（一）微观世界的学习

物理学习中，微观世界的学习一直是难点之一。微观世界与人类日常经验的世界有很大的不同，在认知上存在较大的转变，加之物理知识本身也比较抽象和理论化。为了帮助学生更好地理解和掌握微观概念，近年来研究人员通过应用虚拟实验室等技术手段，深入探索了学生在微观世界学习中所面临的困惑和误区。

首先，研究人员发现学生在学习微观世界时往往会出现模型思维、概念模糊、图像识别错误、知识分割等问题。为了改善这些问题，他们提出了针对性的教学策略。其中之一是通过引导学生进行直观的感性理解，让学生获得对微观现象的真实体验和感受。例如，使用模拟器或虚拟实验室等工具，让学生直观地感受原子和分子的构成和运动规律，从而增强对微观世界的认识和理解。

其次，将微观概念渐进式地引入到物理学习过程中，让学生逐步建立正确的微观概念体系。这种教学策略能够帮助学生将自己在现实世界中的经验与微观概念相联系，逐渐形成自己对微观世界的认知框架。

此外，利用虚拟实验室等工具，帮助学生进行互动式的学习和实验，增强学生的学习动力和兴趣。例如，使用电子显微镜、分子模拟器等工具，让学生参与到物质世界的实验和探究中，从而提高学生的学习效果。

（二）模型建构与使用

模型建构和使用是物理学习中一个重要的认知过程，它能够帮助学生更好地理解和解释物理现象的规律和本质。然而，最新的研究表明，学生在模型建构和使用中存在明显的局限性。例如，学生往往只关注模型的表象而忽视其背后的基础原理，同时也缺乏对模型的反思和批判性思维能力。

为了促进学生模型建构和使用的能力，研究人员提出了一系列教学策略。其中之一是让学生参与真实场景中的物理探究活动，帮助他们深入理解物理现象背后的机制。例如，通过实验或观察天体运动等方式，让学生亲身体验并发现物理

规律，从而引导学生进行模型建构和使用的过程。这种教学方式可以激发学生的好奇心和求知欲，提高学生的主动学习能力。

另外，教师还可以引导学生进行模型反思和批判性思维。例如，在课堂上，教师可以提供多个不同版本的模型，让学生自主比较、分析和评价，促进学生对模型的理解和运用。同时，教师也要鼓励学生提出问题，挑战和质疑不正确的假设和推论，从而培养学生批判性思维和创新能力。

教师还可以引导学生进行模型转移。例如，在不同的物理场景中，使用相似的模型来解释不同的现象，让学生将已有的知识与新的学习内容联系起来。通过模型转移的方式，学生可以更加深入地理解物理现象的本质和规律。

（三）视觉化学习

视觉化学习是指利用图像、动画等视觉媒介辅助物理学习的过程。最新研究表明，视觉化学习对于提高学生的学习效果具有显著的作用。视觉化学习可以有效地帮助学生构建物理概念的认知框架，促进学生对物理现象的深入理解和掌握[7]。

学生在视觉化学习中也存在着一些局限性。例如，很难准确地理解图像和动画所代表的物理概念。这是因为图像和动画往往只能呈现物理现象的表面特征，而不能直接展示其基本原理和机制。此外，学生的个人认知水平、经验和语言能力等因素也会影响他们对视觉化信息的理解和运用。

针对这些问题，研究人员提出了一系列改进视觉化学习的方法。其中之一是增加字幕或标签来帮助学生更好地理解视觉媒介所表达的物理概念。例如，在展示一个动画时，教师可以添加文字描述，让学生更好地理解动画所呈现的物理现象的本质和原理。此外，通过增加字幕或标签的方式，学生可以更好地了解与物理概念相关的词汇和语言表达方式，从而提高他们对视觉化信息的理解和运用能力。

另外一个方法是使用互动式视觉化工具来辅助学生学习。这种方法能够让学生主动探究物理现象，并与视觉化媒介进行互动，深入理解物理现象背后的机制和规律。例如，使用交互式软件来模拟物理实验，让学生自己操作和控制实验条件，从而获得更加深入的物理认知。

教师还可以在课程中强调视觉化学习所涉及的具体物理概念和应用场景。这种方法能够帮助学生将所学的物理概念与实际生活中的物理现象联系起来，并且更好地理解所呈现的图像和动画。

（四）创造性学习

创造性学习是指鼓励学生自由发挥、寻找问题的解决方案和创造性思考的学习方式。在物理学习中，创造性学习可以提高学生的学习兴趣和动机，促进学生的知识积累和创新能力的发展。

最新研究表明，创造性学习对于提高学生的学习成效和创新能力具有显著的作用。通过创造性学习，学生可以将抽象的物理概念转化为具体的实际问题，并探索不同的解决方案。这种学习方式可以激发学生的创造力和创新精神，培养他们的实践能力和团队合作精神。

研究人员提出一些有效的教学策略，以促进学生在物理学习中的创造性学习能力。其中之一是引导学生利用多种资源来发现物理问题的解决方案。例如，从物理课本、科普读物、互联网等各个渠道获取信息，让学生尝试从不同的角度去思考问题，帮助他们更好地理解和运用物理知识。

另外一个方法是引导学生寻找问题的不同解决方案。在物理学习中，同一个问题可以有多种不同的解决方法。通过引导学生寻找问题的多个解决方案，鼓励他们进行比较和分析，帮助学生更好地理解物理规律和原理。此外，教师还可以鼓励学生尝试新的、不同的解决方法，从而激发学生探索未知领域的兴趣和能力。

教师还可以设计一些项目式学习活动来促进学生的创造性学习。例如，设计让学生自己制作物理模型或实验器材等任务，让学生进行独立思考和实践，提高他们的实践能力和创新精神。

三、物理教学研究领域的发展现状和趋势

在过去几十年中，物理教学方法研究已经取得了显著的进展，并且正在不断发展。虽然许多经典的教学方法仍然被广泛使用，但随着科技和认知心理学等领域的发展，人们对于物理教学方法的认识和实践也在不断更新和升级。以下将介绍当前物理教学研究领域的最新成果和发展趋势。

（一）基于认知科学的物理教学方法

首先，通过探究学生的思维方式和认知模式，可以更好地理解学生如何理解和运用物理概念，并设计相应的教学策略。例如，有些学生可能更倾向于从具体例子入手理解物理原理，而有些学生则更重视从抽象概念出发进行推理和解决问题。因此，了解学生的认知差异，设计不同的教学策略，能够更好地满足学生的需求和提高他们的学习效果。

其次，还有一些与认知科学相关的技术被广泛应用于物理教学中，如虚拟实验室、模型模拟、智能辅助教学等。这些技术不仅可以提高学生的学习兴趣和动机，还可以更直观地展示物理现象和原理。例如，通过虚拟实验室，学生可以在安全的环境下进行物理实验，观察和分析实验结果，并提高他们的实验设计和数据分析能力。同时，智能辅助教学系统可以根据学生的学习情况和反馈信息，个性化地为学生提供教学资源和指导，提高其学习效果。

此外，认知科学还对物理教育研究提供了更深入的思路和方法。例如，通过

对学生的思维过程进行实时监测和记录，可以更好地掌握学生在学习过程中遇到的困难和问题，进一步优化教学策略。一些研究者还结合认知神经科学方法，研究学生的大脑活动模式在物理学习中的作用，从而为教学改进提供更为精准的依据。

（二）探索跨学科融合的物理教学方法

物理学作为一门基础学科，涵盖了许多数学、化学、生物等领域的知识，因此将物理学习与其他学科相结合已经成为物理教育研究中的一个重要方向。通过跨学科融合，不仅可以更好地培养学生的创新思维和解决问题能力，还可以使学生更好地理解和应用所学知识。

STEM 教育是物理学习与科技创新、工程设计、数学建模等学科进行融合的典型例子。STEM 教育强调跨学科、实践性和创新性，旨在培养具有综合素质和解决实际问题能力的未来科技人才。在 STEM 教育中，物理学作为核心学科之一，发挥着重要作用。学生通过 STEM 项目的开展，可以将所学的物理知识应用于实际任务中，例如制作机器人、设计风力发电机等，从而加深对物理学概念的理解，提高整体学习水平。

除了 STEM 教育，还有一些研究者致力于将物理教学与社会问题联系起来，在教学中引入这些问题以激发学生的学习兴趣和参与度。例如，环境问题、能源危机、交通安全等都是需要物理知识支持的领域，在教学中引入这些问题可以使学生更好地理解和应用所学知识。例如，通过在物理教学中探讨环境变化对气体状态和温度的影响，可以帮助学生了解环境问题与物理学的关系，提高他们的社会责任感和环保意识。

跨学科融合的物理教学还可以促进学科之间的互动和交流。例如，在物理与化学的交叉领域中，可以探究化学反应中的能量变化和热力学规律，从而深化对物理化学概念的认识。同时，物理与生物的交叉领域也有着广泛的研究内容，如生物光子学、生物电学等，将物理学与生命科学相结合，开拓了新的研究前沿，为生物医学及其他相关领域的发展提供了重要支撑。

（三）注重发掘学生的主体性和创造性

在传统的物理教学中，学生往往是被动接受知识的对象，这导致学生缺乏主动性和创造性，无法真正理解和掌握所学物理知识。然而，在当前物理教学研究领域中，越来越多的教育者、学者和研究者开始注重发掘学生的主体性和创造性，希望能够在教学过程中赋予学生更多的自主权和选择权。

一种经常被用来激发学生主体性和创造性的方法是项目式学习。项目式学习强调学生在探究和解决实际问题的过程中，自主规划和组织项目，从而展现出主动性和创新性。在物理教学中，可以通过项目式学习的方式，让学生设计制作物理实验装置，或者进行科学探究，以此提高学生的实践能力和创新思维[8]。

开放式实验也是另一种重要的教学方法，它与项目式学习类似，都是让学生在实践中学习，但它更加注重学生对实验的控制和自主性。在开放式实验中，学生可以根据自己的兴趣和需求，自主设计实验方案，选择实验器材和设备，并且根据实验结果进行探究和解析。这种方法可以激发学生的独立思考和创新能力，同时也有助于提高学习者与物理实验之间的联系和互动。

教育游戏是另一种适用于物理教学的重要工具。通过将物理知识融入游戏中，可以使学生更容易地理解和记忆物理概念，同时增强学生的情感体验和参与度。例如，通过模拟物理实验，让学生在虚拟环境中完成各种操作，以此帮助他们更好地理解和掌握物理知识。同时，还可以利用游戏机制，如排名、比赛等方式，激励学生积极参与，从而增强学生的学习兴趣和动机。

（四）注重教师专业发展和教学素养提升

教师是物理教育中不可或缺的一部分，其专业水平和教学素养对于物理教学方法的创新和改进至关重要。在当前物理教学研究领域中，注重教师专业发展和教学素养提升已成为一个重要方向。

（1）加强教师的专业培训和提高教师的科研水平是提高教师教学水平的重要途径。教师需要了解最新的物理教学方法和策略，并将其应用到自己的教学实践中。因此，定期的教师培训、学术交流会议等活动可以为教师提供更多的知识和技能，增强他们的专业水平和教学能力。

（2）推广反思型教学也是提高教师教学素养的有效途径。反思型教学是指教师在教学过程中及之后对教学实践进行深入反思和总结，分析学生的学习情况和表现，以此不断完善自身的教学方法和策略。通过反思型教学，教师可以找到问题所在并加以解决，从而提高教学效果和学生的学习成绩。此外，反思型教学还可以激发教师的创新意识和探究精神，促进教学方法的不断创新和改进。

（3）构建支持教师专业发展和教学素养提升的社区、网络等平台也是一个有效的途径。这些平台可以为教师提供交流、合作和共享资源的机会，促进教师之间的互动和合作，共同推动物理教学方法的创新和改进。例如，一些在线课程、学习社区等平台可以让教师随时随地学习和交流；同时，一些教学研究组织或团队也可以提供更具针对性的培训和学术交流活动，以满足教师不同的需求和兴趣。

第三节　本书的组织结构和内容概览

本书以多维度视角为基础，全面探讨了物理教学方法的相关研究。其中包括认知视角、社会文化视角、技术视角和评价视角四大方面。

在认知视角下，本书首先介绍了认知心理学基础知识，如认知过程、记忆与遗忘、思考与判断等，并介绍了单一分量模型和多分量模型作为物理学习模型。随后，本书提出了一些认知视角下的物理教学方法策略，如激活前置知识、引导反思和提供即时反馈等。

在社会文化视角下，着重分析了社会文化因素对物理教学的影响，同时也对现有物理教材的文化意识进行了分析。此外，本书详细讲解了跨文化物理教学方法的设计和实践，包括跨文化物理课程设计原则和跨文化物理教学方法，同时探讨了社交性学习在物理教学方法中的应用，如协作式学习模式和角色扮演式学习模式。

在技术视角下，介绍了数字化物理教育资源和在线物理教学平台等物理教学工具和平台，并详细阐述了信息技术在物理教学方法中的应用，如多媒体教学法和虚拟实验教学法。同时，本书还介绍了工程设计思维的基本概念及其在物理教学方法中的应用。

在评价视角下，首先介绍了传统评估方法的类型和局限性，然后详细探讨了多元评价方法及其应用，如学科能力评价方法和综合评价方法。随后提出了符合评价视角的物理教学方法设计，其中包括建立符合目标的评价体系和探索有效的评价方式。

最后，本书对未来展望进行了阐述，包括物理教学方法的新发展趋势、面向未来的多维度物理教学方法研究展望以及对未来物理教学方法实践的建议和启示。

总体而言，本书通过多维度视角的研究，全面探讨了物理教学方法的相关内容与范围，为教师、教育者和研究者提供了一些有价值的参考和启示。

第二章
认知视角下的物理教学方法研究

认知心理学是一门研究人们思维和知觉等活动的学科，它提供了许多有关人类认知过程的重要理论和方法。将认知心理学应用于物理教学，可以帮助教师更好地理解学生的认知特点，制定出更加有效的教学策略。

本章主要介绍认知视角下的物理教学方法研究。首先，通过介绍认知心理学的基础知识，包括认知过程、记忆与遗忘、思考与判断等内容，为后续的研究打下了基础。其次，介绍了认知视角下的物理学习模型，包括单一分量模型和多分量模型，这些模型提供了对学生不同认知层次和学习方式的理解，并为后续的教学方法提供了指导。最后，介绍了认知视角下的物理教学方法策略及其应用，包括激活前置知识、引导反思、提供即时反馈等方法，这些策略可以帮助教师更好地促进学生的知识获取和认知发展。

第一节　认知心理学基础知识

一、认知过程

认知过程指的是人类理解和加工信息的心理活动，包括感知、注意、记忆、思考和语言表达等几个方面。它是人类认识世界、解决问题和适应环境的基础，是人类智力活动的核心。在认知过程中，人们接收外部信息，并通过加工、存储、检索和运用这些信息来实现认知目标[9]。因此，认知过程在学习、思考、决策、创新等多个领域都具有重要作用。对于教育者来说，充分了解学生的认知过程，可以帮助他们更好地设计教学策略，以提高学生的学习效果。

（一）感知

感知是指人们接受外部刺激，并加工处理成有意义的信息的过程。在认知过程中，感知是一个非常重要的环节，其质量和效率直接影响着学生的学习成果和学习兴趣。在物理教学中，感知能力对于学生理解物理现象和规律至关重要。因此，教师应该采用多种方式来帮助学生感知物理现象，如通过实验、模型和图像等手段。

1. 通过设计实验来帮助学生感知物理现象

实验是一种通过观察、测量和分析数据等方法，验证或探究科学假说或理论的过程。例如，在教授热力学时，教师可以通过设计各种不同的实验，让学生亲身体验和感知热传递、热膨胀等物理现象，从而更好地理解和应用相关理论。在进行实验时，教师需要注意选择合适的实验装置和操作方法，并及时引导学生观察和分析数据，以达到最好的学习效果。

2. 引入模型让学生感知物理现象

模型是一种简化或抽象出来的物理实体或现象，用于帮助学生更好地理解和应用相关理论。例如，在教授电磁学时，教师可以通过引入简单的电路模型、天线模型等，让学生感知并理解电磁波的产生、传播和接收过程。在使用模型时，教师需要注意选择合适的模型和比例，并及时反馈和纠正错误，以避免误导和混淆。

3. 利用图像来帮助学生感知物理现象

图像是一种将物理现象可视化或抽象化的表现形式，它可以帮助学生更好地理解和应用相关理论。例如，在教授光学时，教师可以通过展示光的干涉、衍射和偏振等图像，让学生感知并理解光的行为和特性。在使用图像时，教师需要注意选择合适的图像和说明方式，并及时回答学生提出的问题，以提高学生的理解和应用能力。

在物理教学中，教师还可以利用多种资源和工具来帮助学生感知物理现象。例如，教师可以使用多媒体课件、动画演示、虚拟实验等方式，让学生以不同的方式接触和加工信息。此外，在教学过程中，教师还可以采用问答互动、小组讨论、实践操作等方式，激发学生的兴趣和参与度，从而提高他们的感知能力和学习效果。

（二）注意

注意是指人们关注某些信息并忽略其他干扰信息的能力。在认知过程中，注意是一个非常重要的环节，其质量和效率直接影响着学生的学习成果和学习兴趣。在物理教学中，注意能力对于学生集中精力学习与物理相关的内容至关重要。因此，教师应该引导学生集中注意力，在与物理相关的内容上花费更多精力，避免干扰信息对学习的影响。

1. 通过吸引学生的兴趣和好奇心来提高他们的注意力

在教授热力学时，教师可以通过介绍实际应用场景、展示热传递实验等方式，激发学生的兴趣，从而让他们更加专注于学习内容。在通过吸引注意力的方式进行教学时，教师需要注意选取合适的例子和实验，并及时引导学生思考和讨论，以促进学生的思考深度和广度。

2. 通过使用多种教具和资源来提高学生注意力的集中程度

在教授电路学时，教师可以通过利用电路模型、数字化课件、多媒体演示等教具和资源，让学生更加专注于电路的结构和功能。在使用教具和资源时，教师需要注意选择合适的资源和进度，并及时提供必要的解释和说明，以避免学生出现不理解或者失去兴趣的情况。

3. 通过安排课堂活动和互动来提高学生的注意力

在教授波动学时，教师可以通过组织小组讨论、实验操作等活动，让学生更加关注波动学相关的问题和实验结果。在进行课堂活动和互动时，教师需要注意激发学生的参与积极性和思考能力，并及时回答学生的问题和疑惑，以提高学生的学习效果和满意度。

在物理教学中，教师还可以采用适当的教学方法和策略来提高学生的注意力。例如，教师可以利用启发式教学法、分层教学法、交互式教学法等方式，让学生更好地理解和应用物理知识。在采用教学方法和策略时，教师需要根据学生的认知特点和学习需求，选择合适的方法和策略，并及时进行反馈和调整，以达到最好的教学效果。

（三）记忆

记忆是指将信息保存在大脑中，以便在需要时能够被检索和使用。在认知过程中，记忆是一个非常重要的环节，其质量和效率直接影响着学生的学习成果和学习兴趣。在物理教学中，帮助学生记忆物理知识是非常重要的，并且需要采用多种策略，如通过反复强化、归纳总结和联想等方式。

1. 通过反复强化来帮助学生记忆物理知识

反复强化是指在一定的时间间隔内重复学习某个知识点，以加深印象并提高记忆效果。例如，在教授力学时，教师可以通过反复演示、实验验证、练习题等方式，让学生不断地强化对于物理规律和概念的记忆。在进行反复强化时，教师需要注意选择合适的例子和实验，并及时引导学生思考和讨论，以促进学生的思考深度和广度。

2. 通过归纳总结来帮助学生记忆物理知识

归纳总结是指将一组相关的事实或概念组合在一起，产生新的理解和结论的过程。例如，在教授热力学时，教师可以将温度、热量、热容等概念进行分类总结，并通过练习题的方式让学生应用相关理论。在进行归纳总结时，教师需要注意选择合适的分类方式和实例，并及时引导学生思考和讨论，以促进学生的思考深度和广度。

3. 通过联想来帮助学生记忆物理知识

联想是指将两个或多个不同的信息互相联系起来，以便更好地记忆和理解。例如，在教授电磁学时，教师可以通过比喻、类比等方式，将电荷、电场、磁场等概念与日常生活中的现象进行联系，从而提高学生的记忆效果。在进行联想时，教师需要注意选择合适的比喻和类比，并及时引导学生思考并反馈，以避免混淆或误导。

在物理教学中，教师还可以采用多种资源和工具来帮助学生记忆物理知识。教师可以使用多媒体课件、数字化练习、在线课堂等方式，让学生以不同的方式接触和加工信息。此外，在教学过程中，教师还可以采用问答互动、小组讨论、实践操作等方式，激发学生的兴趣和参与度，从而提高他们的记忆效果和学习效果。

（四）思考

思考是指对信息进行加工处理的过程，用来解决问题、推断、比较、归类和做出决策等。在认知过程中，思考是一个非常重要的环节，其质量和效率直接影响着学生的学习成果和学习兴趣。在物理教学中，思考能力的培养对于学生理解抽象的物理概念至关重要。教师应该引导学生进行启发式思维，即基于以往的经验、感性直觉等快速决策问题，并提供适当的提示和支持。

1. 通过引导学生寻找问题的关键点帮助学生建立起有效的问题解决思路

在教授运动学时，教师可以通过提出"如何求解物体的平均速度？"这个问题，让学生将注意力集中在时间和位移两个方面，从而更好地理解和应用运动学公式。此外，在引导学生思考问题时，教师还可以采用多种方法，如分析案例、讨论实验等，激发学生的思考兴趣和参与度。

2. 帮助学生培养分类思维能力

分类思维是一种将事物分成不同类别，以便更好地理解和应用的思维方式。例如，在教授电学时，教师可以通过分类讨论电路中的电阻、电容和电感三个因素，帮助学生把各种电路问题归纳到不同的类型中，并掌握相应的求解方法。在进行分类思维时，教师需要注意引导学生找到合适的分类原则，并及时反馈和纠正错误，以避免误导和混淆。

3. 引导学生进行归纳推理

归纳推理是一种将具体的实例推广到普遍规律的思维方式。例如，在教授力学时，教师可以通过总结不同物体的运动特征、作用力和加速度等方面，让学生形成牛顿运动规律的概念和应用能力。在进行归纳推理时，教师需要引导学生关注具体的实例和一般的规律，避免过于片面或主观，从而提高学生的思考准确度和深度。

4. 鼓励学生进行创新性思维

创新性思维是一种通过改进或创新现有的方法或思路，解决问题或实现目标的思维方式。例如，在教授光学时，教师可以引导学生设计自己的实验装置，从而更好地理解和应用光学理论。在鼓励创新性思维时，教师需要给予学生足够的自由和支持，同时也要注意引导学生考虑实际可行性和安全性等方面，避免过度冒险或不切实际。

在物理教学中，教师还可以利用多种资源和工具来提高学生的思考能力。例如，教师可以使用多媒体课件、案例分析、实验演示等方式，让学生以不同的方式接触和加工信息。此外，在教学过程中，教师还可以采用小组讨论、角色扮演、游戏竞赛等方式，激发学生的思考兴趣和参与度，从而提高学生的思考能力。

（五）语言表达

语言表达是指人们用语言来表达自己的思想和理解。在认知过程中，语言表达是一个非常重要的部分，其质量和效率直接影响着学生的学习成果和学习兴趣。在物理教学中，鼓励学生积极参与讨论、表达自己的想法，并通过互动和交流来促进语言表达能力的发展是非常重要的。

1. 通过组织课堂讨论来促进学生的语言表达能力

课堂讨论是指教师引导学生就某个话题开展对话和交流的过程。例如，在教授电磁学时，教师可以组织学生就电磁感应和电磁波等话题进行讨论，以促进学生的思考和语言表达能力。在组织课堂讨论时，教师需要注意培养学生的听、说、读、写四个方面的语言表达能力，引导学生彼此交流和合作。

2. 通过提供实践操作机会来促进学生的语言表达能力

实践操作是指让学生通过实验、观察等方式来深入理解某个物理现象或规律的过程。例如，在教授力学时，教师可以让学生通过使用仪器和工具来测量物体的质量、速度等参数，从而促进学生的语言表达和沟通能力。在提供实践操作机会时，教师需要注意选择合适的实验方案和工具，并及时引导学生思考和讨论。

3. 使用多媒体课件、数字化练习等方式来促进学生的语言表达能力

多媒体课件是指利用电子媒介来呈现教学内容的教学资源。数字化练习是指利用计算机软硬件来组织练习的教育方式。例如，在教授波动学时，教师可以通过展示视频、图片、漫画等多媒体素材，引导学生产生联想和自由表达；同时也可以通过设计数字化练习，让学生通过阅读、听力、口语、写作等方式来巩固所学知识点。在使用多媒体课件和数字化练习时，教师需要注意选择合适的媒介和练习类型，并及时反馈学生答案和问题。

4. 采用交互式教学法、启发式教学法等策略来提高学生的语言表达能力

教师可以利用交互式教学法让学生在课堂上参与小组工作、角色扮演、模拟实验等活动，从而促进他们的语言表达和沟通能力；同时也可以利用启发式教学法通过开放式问题、反问法等方式引导学生思考和表达。在采用交互式教学法和启发式教学法时，教师需要注意规划合适的活动和问题，鼓励学生探究和发现，以便更好地培养其语言表达能力。

（六）注意资源

注意资源是指人类处理外界信息的有限能力，包括选择、分配、维持和控制注意的过程。在认知过程中，注意资源是一个非常重要的部分，其质量和效率直接影响着学生的学习成果和学习兴趣。在物理教学中，设计有针对性的教学策

略，引导学生集中注意力，在有效利用有限注意资源的前提下获取更多的学习成果是非常重要的。

1. 最大限度地提高学生的注意力和参与度

在教授热力学时，教师可以在开讲前通过调整教室温度、音量大小等方式来营造良好的学习氛围；同时也可以合理安排课堂时间和内容，避免单一性和冗长性，从而增强学生的注意力和学习兴趣。在课堂管理和规划时，教师需要注意学生的年龄、认知特点和学习需求，以便更好地调整教学策略和方法。

2. 采用多种教学手段和资源来吸引学生的注意力

在教授电磁学时，教师可以通过展示视频、实验演示、模拟仿真等多种方式来呈现教学内容，从而增强学生的视觉和听觉注意力；同时也可以利用数字化练习、游戏化教学等方式来激发学生的兴趣和动手能力，提高其学习效果和记忆效果。在采用多种教学手段和资源时，教师需要注意选择合适的媒介和练习类型，并及时反馈学生答案和问题。

3. 促进学生的注意力和深度学习能力

自主学习是指让学生通过自我探究、自我评估等方式来主动获取知识和技能的过程。例如，在教授力学时，教师可以通过提供选修课程、自主研究项目等方式，让学生在感兴趣的领域进行深入的学习和研究。在引导学生自主学习和思考时，教师需要注意提供足够的资源和支持，并及时给予反馈和建议。

4. 认知心理学中的"分配注意"原则

引导学生将有限的注意资源集中在最重要、最关键的信息上。例如，在教授波动学时，教师可以引导学生将注意力集中在波长、振幅、频率等与波动相关的核心概念上，从而达到事半功倍的效果。在采用"分配注意"的原则时，教师需要注意选择合适的重点和难点，并及时给予解释和示范。

二、记忆与遗忘

记忆是指将外界信息加工、编码、存储、检索和再现的过程。在认知过程中，记忆是一个非常重要的部分，其质量和效率直接影响着学生的学习成果和学习兴趣。而遗忘则是指信息从记忆中消失或难以回忆出来的现象[10]。因此，在物理教学中，教师应该重视学生的记忆和遗忘特点，设计有针对性的教学策略，帮助学生有效地记忆和利用所学知识。

（一）记忆过程

记忆是人类认知过程中非常重要的一环，它可以帮助人们将外界信息加工、编码、存储、检索和再现。在认知心理学研究中，记忆是一个广泛探讨的主题，其分为多种类型，包括感性记忆、概念记忆、程序记忆等。了解记忆的本质和特点，对于优化物理教学方法和提高学习效果具有重要的意义。记忆过程可以分为三个阶段：编码、存储和检索。

1. 编码是指将外界信息转化为可被存储和处理的神经信号的过程

编码是最关键的环节，决定了信息是否能够被有效地存储和检索。在编码过程中，人的感官系统会将接收到的外界信息转化为神经信号，这些信号首先被送往海马体和内侧颞叶皮层等部位进行初步的加工和处理。然后，在大脑皮质区域发生更为深入的处理，形成了有机的记忆网络。例如，听力信息通过耳蜗传递到听觉皮层区域，视觉信息则通过视网膜传递到视觉皮层区域，经过大脑的加工和处理后，这些信息被转化为更加抽象的概念和知识点。

2. 存储是指将编码后的信息在大脑中长期保存的过程

存储与记忆强度和稳定性有关，它可以分为短期存储和长期存储两种类型。短期存储主要依赖于神经元之间的电流传递，例如，在进行暂时性记忆任务时，前额叶皮层和顶叶皮层等区域活跃度较高；而长期存储则需要改变神经元之间的连接方式，例如，在学习新知识时，海马体、内侧颞叶皮层和额叶皮层等区域发挥重要作用。当外界信息被成功编码并存储在大脑中时，就形成了我们的记忆。

3. 检索是指从存储中取出所需信息的过程

在日常生活中，人们需要不断地回忆和利用已有的记忆来进行各种认知任务。检索是一个非常复杂的过程，它依赖于多个因素，如情境、联想、注意力等。检索成功时，可以使得我们能够准确地回忆起所需要的信息，并进行进一步的加工和处理。而检索失败则可能导致遗忘和记忆混杂等问题。

在这三个阶段中，编码是最为关键的环节，它决定了信息是否能够被有效地存储和检索。而编码成功与否又依赖于多个因素，如注意力、情绪、先前知识等。例如，在学习物理概念时，如果学生之前没有相关的知识背景，将很难对新学习的概念进行编码和理解。此时，教师应该采取激活前置知识等策略，帮助学生建立起新旧知识之间的联系和关联，以提高编码效果。

除了编码之外，存储和检索也是记忆过程中非常重要的环节。对于存储来说，它不仅取决于个体大脑的结构和功能，还与外界刺激的特性、学习任务的难易度等因素密切相关。例如，在学习物理实验时，学生需要将实验步骤和结果加以编码和存储，这需要他们同时注意多个物理量的变化和相互关系，并将它们转化为可被存储和检索的神经信号。同时，由于物理实验具有一定的抽象性和复杂性，如果教师没有采用适当的教学策略，学生就很难真正掌握所学知识，从而影响存储效果。

检索是指从存储中取出所需信息的过程，它的成功与否受到多种因素的影响，如情境、情绪、联想等。在物理学习中，教师应该根据学生的认知特点和学习需求，设计出合适的检索策略，帮助学生有效地回忆和利用已有的知识。例如，教师可以采用概念地图、复习卡片等工具，帮助学生建立起知识点之间的联系和关联，从而提高检索效率和准确性。

除了以上三个阶段，还有一个非常重要的环节是遗忘。遗忘是指信息从记忆中消失或难以回忆出来的现象，它可能受到时间推移、干扰等多种因素的影响。例如，在学习物理知识时，如果学生没有及时巩固和复习所学内容，就很容易遗忘。此时，教师应该采取适当的复习策略，帮助学生将已有的知识转化为长期记忆，并减少遗忘效应。

（二）记忆类型

记忆是人类认知过程中非常重要的一环，它可以帮助人们将外界信息加工、编码、存储、检索和再现。在认知心理学研究中，记忆被分为多种类型，其中包括感性记忆、概念记忆、程序记忆和情景记忆等。

1. 感性记忆是指对外界刺激的时间和空间特征的记忆

我们对外界刺激的感受和印象都会留下痕迹，并且在未来的某个时刻可以通过适当的提示重新唤起。感性记忆主要依赖于感觉器官的处理能力和注意力的引导。不同的感觉器官具有不同的处理方式，如视觉系统可以处理大量的信息，而听觉系统则更加适合处理连续的信号。同时，注意力也会影响感性记忆的效果，注意力越集中，感性记忆就越清晰准确。在物理学习中，感性记忆可以帮助学生对具体物理现象和实验操作进行深入理解和记忆。例如，在学习电路实验时，学生需要注意电路中电流的方向和大小等参数，同时也要注意仪器的使用方法和实验步骤等细节，这都需要他们借助感性记忆进行加工和存储。

2. 概念记忆是指对事物本质和属性的记忆

概念记忆是人类认知过程中最为重要的一种记忆形式，因为它可以帮助我们理解世界的本质和规律，同时也可以引导我们进行创新和思考。在物理学习中，概念记忆是非常重要的一个方面。例如，在学习能量守恒定律时，学生需要理解能量的本质、能量守恒的意义以及应用能量守恒定律解决实际问题的方法等。这些内容都需要借助概念记忆进行具体化和抽象化处理，并在实践中加以巩固和运用。

3. 程序记忆是指习得某种行为方式的记忆

在学习中，我们经常需要掌握一些操作技巧和方法，如物理实验中的实验操作步骤、计算公式推导过程等。这些操作技巧和方法通过反复训练和加工，逐渐转化为习惯和规则，形成了程序记忆。由于程序记忆可以帮助我们快速准确地执行某些任务，因此在物理学习中也非常重要。例如，在学习力学时，学生需要掌握向心力计算的方法、机械能守恒的应用等内容，这都需要借助程序记忆进行反复训练和加工。

4. 情景记忆则是指对于个体经历过的事件和场景的记忆

情景记忆主要依赖于环境的特征和个体的感知体验，同时也受到个体情感状态、认知目标和回忆策略等因素的影响。在物理学习中，情景记忆可以帮助学生更好地理解物理实验的过程和结论，同时也有助于他们在实践中发现和克服问题。例如，在学习物理实验时，学生需要通过实验操作来了解物理现象，同时也需要关注实验过程中出现的问题和解决方法。这些实验经历将会在他们的情景记忆中留下深刻的印象，对于加深学生对物理学习的理解和应用非常有帮助。

不同类型的记忆在物理学习中起到了不同的作用和影响。感性记忆可以帮助学生对具体的物理现象和实验操作进行深入理解和记忆，概念记忆则是帮助学生理解物理学中的基本概念和定律，并将其应用于实际问题的解决，程序记忆则是帮助学生掌握物理学习中的操作技巧和方法，情景记忆则是帮助学生更好地理解物理实验的过程和结论，同时也有助于他们在实践中发现和克服问题。因此，在教学过程中，教师应该根据不同类型的记忆特点和学生的认知状态，采取针对性的教学策略，以达到更好的教学效果。

（三）遗忘原因

遗忘是指人脑中存储的信息逐渐消失或无法被检索出来。在认知心理学研究中，遗忘主要由时间的推移和干扰两个原因所导致。

时间的推移是指随着时间的流逝，记忆逐渐消退或变得模糊。这是一种自然现象，所有的记忆都会受到时间的影响而发生遗忘。时间的推移对不同类型的记忆的影响也不尽相同。感性记忆和程序记忆容易受到时间的影响，例如，长时间未使用某种技能或操作方式时，我们可能会逐渐忘记它们的细节和方法；而概念记忆和情景记忆则相对耐久，往往需要更长的时间才会发生显著的遗忘。

除了时间的推移，干扰也是导致遗忘的重要原因之一。干扰是指存储的信息与新的信息发生混淆，从而影响检索。干扰可以分为前向抑制和后向抑制两种。

1. 前向抑制是指新学习的信息抑制了旧信息的检索

这种情况通常出现在学习类似的事物或概念时。例如，在学习物理中的电磁感应时，如果之前已经学过类似的概念，例如电场、磁场等，就可能会在检索电磁感应的概念时受到这些旧信息的抑制，从而影响检索和记忆。这种情况可以通过区分不同的概念或事物，加强差异化处理，从而减少前向抑制效应。

2. 后向抑制则是指旧信息抑制了新信息的编码和存储

这种情况通常出现在大量学习后需要记忆新信息时。在学习物理知识时，当学生已经掌握了很多相关的概念和知识点时，学习新的概念和知识点可能会受到之前已经掌握的知识点的干扰，从而导致新信息难以被编码和存储。这种情况可以通过适当的复习和总结来帮助学生加深对旧信息的理解和记忆，并且加强新信息的差异性处理，避免被旧信息所干扰。

除了前向抑制和后向抑制，还有其他类型的干扰也可能导致遗忘。例如，间隔训练效应指在一定时间间隔内进行的多次训练可以提高记忆保持的稳定性和可持续性，而过于密集或重复的训练则可能导致干扰效应，从而影响记忆效果。倾向性遗忘则是指人们更容易遗忘与自己不相关或不感兴趣的信息，这种情况可能会出现在学习中缺乏主动性和积极性时，因此教师需要通过激励和引导来增强学生的学习兴趣和主动性。

（四）记忆提高策略

物理学科作为一门综合性的学科，在实践中需要学生掌握大量的概念和定律，并且需要运用这些知识解决实际问题。因此，如何有效地帮助学生提高记忆效果是物理教学中一个重要的问题。

首先，在知识结构方面，教师可以根据学生的学习需求和认知特点设计合适的知识结构和概念图，帮助学生建立清晰的知识框架。知识结构和概念图对于学生来说是非常有用的工具，它们可以帮助学生将零散的知识点组织成一个整体，从而增加学生对物理学科的整体把握。同时，知识结构和概念图还能够帮助学生深入理解物理学中的概念和关系，进而提高学生的概念记忆和情景记忆效果。

其次，在感性记忆方面，教师可以利用数字化工具、多媒体教学等手段来增强学生的感性记忆。数字化工具和多媒体教学可以将物理现象转化为图像或动画，从而增加学生对物理现象的感知和理解。例如，在学习波动和光学方面的知识时，教师可以利用数字化工具模拟光线的传播和反射、折射等过程，并通过可视化的方式让学生更加深入地理解这些概念。此外，教师还可以运用实验教学等方式来加强学生的感性记忆。例如，在学习电磁感应时，教师可以通过演示变压器原理并进行实际操作，让学生直接感受到电磁感应现象的发生和变化。

最后，在巩固训练方面，教师可以通过鼓励学生自主思考、反复训练、渐进式教学等方式来帮助学生巩固所学知识，提高记忆效果。自主思考能够帮助学生加深对所学内容的理解和记忆，激发他们的学习兴趣和动力。例如，在学习牛顿第三定律时，教师可以引导学生通过分析不同的场景和物体之间的相互作用来理解和应用牛顿第三定律。反复训练则可以帮助学生加深对所学知识的记忆和理解，并且提高他们的学习效率。例如，在学习电路方面的知识时，教师可以设计一系列的电路实验和习题，让学生通过实践来巩固和拓展所学知识。渐进式教学则是指在教学过程中逐步增加难度和复杂度，从而帮助学生逐步建立起完整的知识框架和思维模式。在学习力学的内容时，教师可以先从简单的静力学开始，逐步引入动力学和弹性力学等更为复杂的概念，帮助学生逐步建立起深入的认知结构。

除了以上三个方面，教师还可以采用其他策略来帮助学生提高记忆效果。例如，教师可以在课堂上加强对关键概念和公式的讲解和解释，帮助学生理解其内在的逻辑和意义。同时，教师还可以鼓励学生积极参与课堂互动，分享自己的思考和经验，从而促进学生之间的交流和合作，加深对物理学科的理解和记忆。

（五）遗忘减少策略

在物理教学中，遗忘效应是一种普遍的现象。为了帮助学生克服这种遗忘效应，教师需要采取多种策略来加强记忆和巩固所学知识。本书将从不断重复和巩固、建立联系和关联、利用提醒和辅助工具三个方面阐述相关策略。

1. 不断重复和巩固

教师可以通过反复训练、循序渐进的教学方式以及多次检测等手段来减轻遗忘效应。反复训练是指在一定时间间隔内多次重复运用已经学习过的知识进行练习和应用。例如，在学习牛顿力学时，教师可以通过大量的例题和习题，让学生熟练掌握机械力的作用规律。循序渐进的教学方式也能够帮助学生逐步深入理解和掌握所学内容，从而有效降低遗忘效应。多次检测则可以帮助学生发现和修正对于知识点的错误理解或记忆，同时也可以再次强化对于知识点的记忆。

2. 建立联系和关联

教师需要引导学生将新学知识与既有知识相联结，从而形成更为牢固的记忆。这种联系和关联可以是概念、公式、实验方法等多种形式。例如，在学习电磁感应时，教师可以把该概念与法拉第电磁感应实验联系起来，帮助学生更好地理解和记忆电磁感应的过程以及相关的规律。同时，教师还可以通过多个角度和侧面来呈现所学内容，从而加强学生对于知识点的深入理解和记忆。例如，在学习波动和光学时，教师可以通过引入光的衍射、干涉以及偏振等多个方面的内容，帮助学生全面理解光的传播和性质。

3. 利用提醒和辅助工具

教师需要引导学生掌握有效的技巧和工具，从而帮助他们减少遗忘效应。其中，一些有效的技巧包括：使用闹钟或提醒事项来让自己定期复习所学内容；在课堂上记笔记，将所学知识以自己的语言进行整理和概括；利用电子设备存储文本、音频和视频记录等资料，方便日后查看和复习。此外，教师还可以采用各种辅助工具来加强记忆效果。例如，制作知识卡片和图表、使用记忆法、利用各种物理仪器进行实验等方式，都能够帮助学生更好地巩固和记忆所学内容。

三、思考与判断

思考和判断是认知过程中非常重要的两个环节，也是物理学习过程中不可或缺的组成部分。在认知心理学中，思考是指对于已有知识进行加工和推理，从而产生新的、更为深入的理解；而判断则是指在认知过程中对于信息的真实性、可靠性和价值进行评估和决策。

（一）思考

在物理学习过程中，思考是一种非常重要的认知过程，它可以帮助学生更好地理解和应用所学知识，促进学生对于物理学科的兴趣和热情。具体来说，思考是指个体处理信息的高级认知过程，旨在通过运用想象、推理、归纳和演绎等方法来创造新的理解和解释。在物理学习中，思考可以从多个层面进行展开，例如，在学习牛顿力学时，学生需要通过图像、公式、实验等多种形式，将机械运动规律转化为数学模型，从而进行推理和演绎；在学习电学时，学生还需要通过构建电路图或者运用欧姆定律、基尔霍夫电路定理等方法，进行电路分析和设计。

如何引导学生进行思考是一个非常重要的问题。为了激发学生的思考能力，教师可以采用多种方式来引导学生思考。其中，最常见的方式就是提出挑战性问题。这些问题通常比较深入、复杂，需要学生对所学知识进行深度理解和应用。例如，在学习电学时，教师可以提出如下问题：如果给定一组电路参数，如何设计一个合适的电路？这个问题既需要学生应用所学知识来进行分析和解答，又需要学生运用创造性思维，从多个角度进行探究和设计。

除了提出挑战性问题之外，教师还可以采用其他方式来引导学生进行思考。例如，在课堂上设计探究性实验，让学生通过实验观察现象、收集数据，并且进行数据处理和分析，深入理解所学知识。此外，在引导学生进行小组讨论和合作时，教师可以鼓励学生进行思考和交流，从而产生更多的灵感和创意。

教师还需要根据学生的认知特点和学习需求，采用不同的教学策略和方法，帮助学生更好地进行思考和推理。例如，对于初学者来说，教师可以采用图像和实验等形象化的教学方式，帮助学生理解抽象的概念和原理；对于进阶学习者来说，教师则需要引导学生进行更为深入的思考和应用，增强他们的创造性思维和创新意识。

（二）判断

判断是认知过程中另一个重要的环节，它指的是个体对于信息真实性、可靠性和价值进行评估和决策的过程。在物理学习中，判断能力的提高对于学生的学习成果和职业发展具有重要意义。因此，在物理教学中，如何培养学生的判断能力也成为一个关键的问题。

在物理学习中，判断能力主要表现在两个方面：一是对于信息的真实性、可靠性和价值进行判断；二是对于所学知识的应用能力进行判断。在第一个方面，学生需要利用已有的知识和信息，对于新出现的信息进行筛选和评估。例如，在学习电磁波时，学生需要了解电磁波的传播方式、频率范围等相关知识，并且根据所学知识判断广播电台播报的节目是否属于电磁波信号。在第二个方面，学生需要将所学知识应用到实际问题中，并且对于解决问题的方法和结果进行评估。例如，在学习热力学时，学生需要对于热量传递的机制和规律进行理解，并且能够运用所学知识分析和解决具体的热力学问题。

为了提高学生的判断能力，在物理教学中，教师可以采用多种教学策略和方法，其中最重要的是引导学生进行批判性思考和反思。具体来说，教师可以通过提出问题、引导讨论和辩论等方式，激发学生对于问题本身和知识本身的兴趣，并且促进学生进行深入的思考和分析。此外，教师还可以利用各种教学资源和工具，如模拟软件、实验装置、案例分析等，帮助学生从多个角度进行判断和评估，并且运用所学知识解决实际问题。

除了引导学生进行批判性思考和反思之外，教师还可以采用其他教学策略来提高学生的判断能力。例如，在教学过程中，教师可以对于学生的回答进行纠正和指导，并且及时给予反馈和肯定，以便增强学生对于知识的信心和兴趣。同时，教师还可以鼓励学生参加竞赛或者科技创新活动，促进学生在物理学科中的创造力和应用能力的提高。

综上所述，思考和判断是认知过程中非常重要的两个环节，在物理学习过程中也是不可或缺的组成部分。通过引导学生进行批判性思考和反思，并且采用多种教学策略和方法，教师可以有效地提高学生的思考和判断能力，从而增强学生对于物理学科的兴趣和热情，为学生未来的职业发展打下坚实的基础。

第二节　认知视角下的物理学习模型

在认知心理学的框架下，对物理学习过程进行建模可以帮助我们更好地理解学生的认知特点和学习需求，从而设计出更为有效的教学方法和策略。物理学习模型是指用于描述学生物理学习过程的一种理论框架或者方法。常见的物理学习模型包括单一分量模型、多分量模型等。

一、单一分量模型

（一）单一分量模型的概念

单一分量模型是物理学习中的一个基本认知模型，它认为在学习某个物理概念、原理或技能时，学生只需要掌握一个主要的认知分量即可[11]。举例来说，在学习牛顿第一定律时，学生只需要掌握惯性原理这一主要概念，就可以进行相关问题的解答。单一分量模型通常把学生的学习过程分为获取和应用两个阶段。

（1）在获取阶段，学生需要通过多种方式构建起所学知识的认知模型。这些方式包括阅读教材、观看视频、参与实验等。其中，阅读教材是最为基础的获取方式之一。学生需要仔细阅读教材内容，从而逐渐建立所学知识的框架，并将其转化为自己的思维模式。另外，观看视频也是获取知识的重要方式之一。视频在动态展示物理学习中的现象和过程时非常有用，可以帮助学生更好地理解和掌握相关的概念和原理。此外，参与实验也是获取知识的重要方式之一。实验可以让学生亲身体验物理学习的过程，观察和分析实验结果，从而更好地理解和探索所学知识。

（2）在应用阶段，学生需要将所学知识应用到不同的实际问题中，建立起知识和实践之间的联系。这个阶段通常包括解决问题、完成任务、设计实验等活动。例如，在学习牛顿第一定律时，学生可以通过解答相关的问题来应用所学知识。同时，学生也可以通过设计小型实验来验证所学知识，并将其应用到具体的物理学习场景中。在应用阶段中，学生需要综合运用所学知识和技能，从而形成更为全面和深入的认知模型。

总之，单一分量模型是物理学习中的一种基本认知模型，它强调学生只需要掌握一个主要的认知分量即可。学生的学习过程通常被分为获取和应用两个阶段。在获取阶段，学生需要通过多种方式构建起所学知识的认知模型；在应用阶段，学生需要将所学知识应用到不同的实际问题中，从而建立起知识和实践之间的联系。这些步骤可以帮助学生逐渐建立自己的认知模型，并将所学知识运用到生活和实践中去。同时，教师在教学实践中也应采用多种策略和方法，帮助学生更好地理解和掌握物理学习中的核心概念和原理。

（二）单一分量模型的局限性

尽管单一分量模型在物理学习中有其一定的指导意义，但是这种模型也存在一些局限性。其中最主要的两个方面包括：解释学生在学习过程中出现的误解，以及说明不同学生之间存在的认知层次差异。

（1）单一分量模型难以解释学生在学习过程中出现的误解和错误观念等问题。因为单一分量模型只关注了学生对于某个主要概念的掌握，而没有考虑到其他相关概念的掌握情况。例如，在学习力学时，学生可能会出现"质量越大的物体下落越快"的错误观念。而这种错误观念往往是由于学生对于重力加速度、空气阻力等概念的理解不够深刻所导致的。因此，单一分量模型无法通过仅关注一个主要概念来解释和消除这些误解和错误观念，需要采用更加全面的教学策略来改善这种情况。

（2）单一分量模型也不能很好地说明学生在学习物理知识时存在的不同的认知层次。不同的学生可能会对于同一个物理概念有不同的理解和认知深度，因此单一分量模型难以精确地描述学生的学习过程和效果。例如，在学习电学时，一部分学生可能对电路中电流、电压等概念有着深刻的认识，而另一部分学生则可能对这些概念存在着许多疑惑和困惑。因此，在教学实践中，需要针对学生不同的认知层次采取相应的教学策略和方法，来满足不同学生的学习需求。

因此，单一分量模型虽然在物理学习中有其指导作用，但是也存在着重要的局限性。在教学实践中，需要注重学生的个体差异和学习特点，采用多种教学策略和方法，以更全面、深入地促进学生的物理学习。其中包括：强化主要概念的讲解和理解、引导学生反思和讨论、提供多样化的学习资源和方式、定期检测和评估学生的学习效果等。通过这些手段来辅助学生建立更为准确和深入的认知模型，从而提高其对于物理学科的兴趣和热情，同时也提升其学术成就。

（三）单一分量模型的应用

虽然单一分量模型存在着一定的局限性，但是对于初学者来说，单一分量模型仍然具有一定的指导意义。因为初学者通常缺乏物理学习的基本框架和认知模型，需要通过掌握主要的物理概念和原理，建立起初始的认知模型，从而逐渐提高自己的物理学习能力。

在实际教学中，可以采用以下策略来应用单一分量模型。

1. 强化单一重点概念

在物理学习中，往往有一些核心的概念或原理是必须掌握的，而这些核心概念通常也是整个知识体系中最为重要的部分。因此，在教学实践中，需要强化单一重点概念的讲解和理解。首先要明确这些核心概念的本质和意义，并给出具体的例子和实际应用来帮助学生更好地理解和掌握这些概念。例如，在学习牛顿第二定律时，教师可以通过举出多种不同情境下的实例来解释和说明力、质量和加速度之间的关系。其次，还需要通过各种形式的练习来巩固学生对于这些核心概念的理解和运用能力。例如，可以设计一些练习题目，帮助学生将所学知识运用到实际问题中去，提高其对于核心概念的掌握。

2. 鼓励反思和讨论

学习物理学不仅要记住一些概念和知识点，还需要逐渐建立起自己的认知模型和框架。为了促进学生更好地建立自己的认知模型和框架，教师需要鼓励学生在学习过程中进行反思和讨论。这种反思和讨论可以在课堂上展开，也可以在小组或团队合作中进行。例如，在解决一些复杂问题时，教师可以引导学生从不同角度对问题进行分析和思考，促进其发掘相关概念和原理，进而获得更深刻的理解。同时，教师还可以通过定期的小组讨论、案例研究等方式来激发学生的思考和创新能力，提高其对于物理学习的兴趣和热情。

3. 提供多样化的学习资源和方式

为了使学生更好地理解和掌握物理学习的核心概念和原理，教师应该提供多样化的学习资源和方式。这些资源包括教科书、视频、实验等多种形式。例如，教师可以选用多本教科书，以便学生对于不同的教材进行比较和选择，从而构建起更全面和深入的认知模型。教师还可以利用互联网资源，如在线视频、电子书籍、学术期刊等，帮助学生更好地理解和掌握物理学习的核心概念和原理。此外，实验是加深学生对于物理学习的认知和理解的重要手段之一，教师应该为学生提供多样化、有趣的实验体验，以促进学生的学习兴趣和热情。

4. 定期检测和评估

为了确保学生在物理学习中真正掌握了相关的核心概念和原理，教师需要定期检测和评估学生的学习效果和理解情况。这种检测和评估可以采用多种形式，如课堂测试、作业考核、小组讨论等方式。其目的是及时发现问题和错误观念，并及时纠正和加强重点概念的巩固。例如，在课堂测试中，教师可以设置一些针对核心概念和原理的选择题、填空题、简答题等形式，检查学生对于相关知识的掌握情况。同时，教师还可以利用作业考核、小组讨论等方式，了解学生在独立思考、合作交流等方面的表现和能力，为学生提供进一步的指导和支持。

总之，单一分量模型作为物理学习过程中的一种基本认知模型，虽然已经被很多研究所否定，但在教学实践中仍具有重要的指导意义。通过加强单一重点概念的讲解和理解、鼓励反思和讨论、提供多样化的学习资源和方式以及定期检测和评估，可以帮助学生更好地掌握物理学习的核心概念和原理，从而提高自己的学术成就。同时，在应用单一分量模型时也需要克服其局限性，注重多角度、多层次的教学方法，尽可能涉及相关的知识和技能，并使学生从不同的视角来理解和运用所学知识。这种多元化的教学策略可以帮助学生更全面、深入地理解物理学习的核心概念和原理，提高其对物理学科的兴趣和热情。另外值得注意的是，单一分量模型虽然有其指导作用，但不应该成为教师教学的唯一依据。在教学实践中，还需结合学生的实际情况和学习特点，采用多种教学方法和策略，不断探索和创新，以提高教学质量和效果。

二、多分量模型

多分量模型是相对于单一分量模型而言的，它认为学生在学习某个物理概念或原理时，需要掌握多个相关联的概念和知识点。这些概念和知识点之间相互作用，形成了一个复杂的认知网络[12]。因此，多分量模型强调在物理学习中需要考虑到各种不同维度的认知内容，以帮助学生更全面、深入地理解和掌握相关知识。多分量模型包括以下几个方面。

（一）概念层次结构模型

概念层次结构模型是多分量模型中的一种，它认为在学习某个物理概念时，学生需要逐级建立起概念层次结构模型，从最基本的概念开始逐渐构建，并逐步增加复杂度和深度。

例如，在学习电学时，学生需要先掌握电荷、电场、电势等基本概念。电荷是指带电粒子所具有的属性，可以是正电荷或负电荷；电场是指带电粒子对周围空间造成的影响，用于描述电荷之间相互作用的力；电势则是描述电场能量分布的物理量，用于表示不同点之间的电位差。这些基本概念是电学知识体系的基础，缺少其中任何一个概念都会导致后续学习无从下手。

接着，学生需要逐步引入更为复杂的概念，如电容、电阻、电路等。电容是指储存电荷的能力，通常用电容量来表示；电阻则是指抵制电流的能力，通常用电阻值来表示；电路则是由多个元件构成的电气设备，可用于各种实际应用。在学习这些概念时，需要理解它们与基本概念之间的联系和相互作用。

通过逐步引入复杂概念，建立起概念层次结构模型，学生可以深入理解电学知识体系，并能够更好地解决实际问题。在物理学习中，概念层次结构模型是非常普遍的，如在力学、热学等领域的学习中，也需要逐步建立起概念层次结构模型。因此，教师需要有意识地引导学生建立起正确的概念层次结构模型，帮助学生更好地理解和掌握相关知识。

（二）联络模型

联络模型认为在学习某个物理概念时，学生需要掌握相关概念之间的联系和相互作用，以形成一个完整的认知网络。

例如，在学习机械波时，学生需要掌握波的传播、波程、波速等概念，并理解它们之间的联系和相互作用。波的传播是指波动沿着空间传递的过程，波程则是指波动振幅相同的两个相邻点之间的距离，而波速则是指单位时间内波动所经过的距离。这些概念之间存在着密切的联系和相互作用，例如，波速等于波长乘以频率，波程与波长的关系，等等，学生需要深入理解这些关系，才能够建立起一个完整的认知网络。

通过建立起概念之间的联系和相互作用，学生可以更加深入地理解和掌握相关知识，同时也可以更好地应对实际问题。在物理学习中，概念之间的联系和相互作用通常是非常复杂的，因此教师需要有意识地引导学生进行练习和思考，帮助学生建立起正确的认知网络。

此外，在学习中，对于不同层次的概念之间的联系和相互作用的理解，也可以促进学生对物理学科整体的理解和掌握。因此，教师需要在教学实践中注重概念之间的联系和相互作用的引导和讲解，让学生能够更全面、深入地理解和掌握相关知识。

（三）声音视觉模型

在学习某个物理概念时，可以利用声音和视觉两个维度来促进学生对于相关知识的理解和掌握。例如，在学习光学时，可以利用光路演示仪、反射镜、凸透镜等教学工具，通过视觉效果帮助学生更好地理解光线的传播和反射原理。

在物理学习中，声音和视觉是非常重要的两个维度。声音可以通过讲解、演示、实验等方式进行传递，帮助学生听到相关知识点的描述和解释，并且还可以通过语音的节奏、语调和语气等方面来加强记忆和理解；视觉则可以借助图形、图片、实物模型、动画等方式来呈现相关知识点的特征和变化规律，帮助学生更直观地把握和理解相关概念和原理。

例如，在学习光学时，光路演示仪、反射镜、凸透镜等教学工具可以大大促进学生对于相关知识的理解和掌握。光路演示仪是一种能够模拟光线传播的仪器，可以通过调整镜头、透镜等元件来产生各种光学现象，如折射、反射、干涉等。这种教学工具能够让学生直观地观察到光线的传播特征，并且可以通过观察和探索来深入理解相关概念和原理。

反射镜和凸透镜则是常用的光学实验仪器，可以通过实际操作来加深对于相关知识点的理解和掌握。在学习反射原理时，可以利用平面镜和弯曲镜进行实验，观察光线在镜子表面上的反射路线；在学习光焦度时，可以利用凸透镜进行实验，观察光线经过透镜后的变化规律。通过实践探究，学生不仅能够更加深刻地理解相关知识点，同时还能够锻炼实验设计和数据处理的能力，提高实验技能水平。

除了声音和视觉两个维度外，多分量模型还可以考虑其他维度的引入，如触觉、运动、情感等，以帮助学生更全面、深入地理解和掌握相关知识。例如，在学习力学时，可以通过实验来感受力的大小和方向，帮助学生更好地理解牛顿定律；在学习热学时，可以通过观察热膨胀现象来加深对热传递机制的理解。这些不同维度的引入能够提高学生对于物理学科整体的认知水平，加强学生的学习兴趣和动机，从而更有效地推动物理学习的进展。

（四）学习策略模型

多策略模型认为在学习某个物理概念时，需要采用多种不同的学习策略和方法来帮助学生建立起全面和深入的认知模型。例如，可以采用讲解、演示、实验、练习等多种形式的教学方式，以满足不同学生的学习需求。

在教学过程中，不同的学生具有不同的学习风格和兴趣爱好，因此单一的教学方式可能无法满足所有学生的需求。同时，针对不同的知识点和难度级别，也需要采取不同的教学策略和方法，以便更好地促进学生的学习和理解。

例如，在学习力学知识时，可以采用讲解、演示、实验、练习等多种形式的教学方式。在讲解阶段，教师可以通过口头解释和文字说明来介绍相关知识点和原理；在演示阶段，可以借助实物模型、动画等工具来呈现相关物理现象和规律；在实验阶段，可以通过设计实验方案和操作实验仪器来加深对相关知识点的理解和掌握；在练习阶段，则可以采用习题和测验等形式来检验学生对于相关知识点的掌握程度和应用能力。

通过多种教学策略和方法的有机结合，可以更好地促进学生对于物理知识的全面和深入理解。例如，在学习热力学时，除了讲解和演示外，还可以通过实验来感受温度、压强等物理量的变化规律，在练习中则可以结合实际应用案例来加深对相关知识点的理解。

在教学过程中，还需要根据不同学生的学习需求和水平，采取个性化的教学策略和方法。例如，对于喜欢运动和体验的学生，可以采用实验和模拟游戏等方式来进行教学；对于喜欢思考和推理的学生，则可以采用问题解决和案例分析等方式来进行教学。

总之，多分量模型强调在物理学习中考虑各种不同维度的认知内容，并通过建立概念层次结构、理解概念之间的联系和相互作用、利用声音和视觉等方式，帮助学生建立起全面和深入的认知模型。在教学实践中，可以采用多种不同的学习策略和方法，以满足不同学生的学习需求，帮助学生更好地理解和掌握相关知识。

第三节　认知视角下的物理教学方法策略及其应用

认知视角下的物理教学方法策略及其应用包含以下三部分内容。

一、激活前置知识

在这一部分中，将探讨如何帮助学生回忆和激活之前所学过的知识，以便更好地理解和应用新的物理概念。

激活前置知识是一种重要的认知教学策略，它可以帮助学生回忆已有的知识，并将其与新的信息联系起来，从而更好地理解和应用新的物理概念[5]。通过激活前置知识，学生可以更快速地掌握新的概念和技能，因为他们可以利用已有的知识和经验来帮助自己理解新的内容。此外，激活前置知识还可以提高学习效率和记忆保持，因为当学生回忆和使用已有的知识时，他们在大脑中的神经连接强度会被增强，这样就能够更容易地将新知识与先前学到的知识联系起来，并在长期记忆中保持下来。在教学过程中，教师可以采用多样化的方法来帮助学生激活前置知识，如启发式问题、复习指南、图像或模型、小组讨论、回顾课堂笔记等，以实现更好的教学效果。

（一）常用的激活前置知识的方法

1. 启发式问题

启发式问题是一种开放性的、探究性的问题，它通常与当前要学习的知识点有关，可以引导学生回忆之前所学过的知识并将其与新的知识联系起来。例如，当开始讲解电荷守恒定律时，教师可以向学生提出一个与静电现象相关的问题："为什么打雷会产生闪电？"这个问题可以启发学生回忆起静电荷积累和放电的基本原理，与电荷守恒定律建立联系，进而更好地理解和应用这一知识点。

学生通过启发式问题主动调动相关联的前置知识，从而实现更深入地理解和掌握物理知识的目的。此外，启发式问题还可以激发学生的兴趣和好奇心，增强他们的自学能力和创造性思维能力，有利于培养学生的自主学习能力和独立思考能力。

启发式问题需要精心设计和准确选择，以便达到预期的教学效果。问题的难度和广度需要根据学生的认知水平和学科特点逐步提高和扩展，以提高学生的学习热情和教学效果。同时，教师需要及时给予学生反馈和指导，帮助他们更好地理解和应用新的物理知识。

2. 复习指南

复习指南是一份列出话题或单元关键概念、公式、实验结果等的清单，可以帮助学生预习并回忆起相关的前置知识。

在开始一个新的话题或单元之前，教师可以给学生一份复习指南，以便他们提前了解即将学习的知识点，回忆已有的知识，并建立相关联的知识框架。复习指南可以包括该话题或单元的核心概念、重要原理和公式、经典实验结果等，以帮助学生全面理解和掌握物理知识。

学生通过复习指南在课程开始前针对性地回顾和恢复前置知识，从而更好地准备和应对课堂教学。同时，它也有助于学生自主学习和独立思考，增强他们的自学能力和创造性思维能力。

复习指南应该简洁明了，涵盖重要且基础的知识点，以避免学生过于被动地阅读和记忆。另外，教师还可以鼓励学生自己编制复习指南或在复习指南的基础上作出适当修改，以加深学习理解和记忆。

3. 图像或模型

使用图像或模型来激活学生前置知识，是通过展示已有的知识结构和图像或模型，帮助学生回忆和复习之前所学过的知识，并将其与新的知识联系起来。例如，在讲授光电效应时，教师可以展示一张普朗克常数的图表，引导学生回想量子力学中相关的知识。这样可以使学生更好地了解和理解光电效应的物理机制，并将其与量子力学等知识联系起来。

使用图像或模型的优点在于，它们可以更直观地展示物理现象和概念，帮助学生更好地理解和记忆。此外，图像或模型还可以激发学生的好奇心和兴趣，增强他们的积极性和参与度。需要注意的是，图像或模型应该精心设计和准确选择，以确保能够达到预期的教学效果。同时，教师还应该及时给予学生反馈和指导，帮助他们更好地理解和应用新的物理知识。

4. 小组讨论

通过组织小组讨论来激活学生前置知识的方法，是基于学生之间的互动和交流，可以鼓励他们分享和比较自己的理解和经验，从而更好地激活前置知识和加深对新知识的理解。

在物理教学中，教师可以设置小组讨论环节，鼓励学生就即将或已经学习过的知识进行交流和分享。通过小组讨论，学生可以调动相关联的前置知识，并结合本组成员的不同思考方式，尝试寻找新的认知角度和思路。

通过小组讨论，学生可以更深入地理解和应用物理知识，并增强他们的学习兴趣和参与度。此外，小组讨论还可以锻炼学生的交流和表达能力，培养他们的团队合作精神和独立思考能力。

小组讨论应该有针对性和有效性，避免陷入无效的闲聊和浅显的观点。同时，教师还应该及时给予学生反馈和指导，确保学生的讨论理由和结论是正确的。此外，教师还可以引导学生分享自己的思考过程和分析方法，以启发其他学生更深层次的思考和探索。

5. 回顾课堂笔记

通过鼓励学生回顾之前的课堂笔记来激活前置知识的方法，是通过让学生整理和复习已有的知识，帮助他们回想并巩固前置知识，将其与新的知识联系起来，从而更好地理解和应用新的物理概念。

在物理教学中，教师可以在课程开始前或新知识点引入时提醒学生回顾之前的课堂笔记。这可以帮助学生恢复和回忆已有的知识，为接下来的学习做好准备。同时，回顾之前的课堂笔记也能帮助学生更好地将新的知识点和之前所学的知识相结合，建立更完整和系统的物理知识框架。

通过回顾课堂笔记，学生可以整理和巩固前置知识，加深对物理知识的理解和记忆，并能更高效地掌握新的知识点。此外，回顾课堂笔记还可以培养学生的自主学习能力和独立思考能力。

回顾课堂笔记需要有针对性和有效性，学生应该重点关注之前所学的核心概念、原理和公式等。教师还应该及时给予学生反馈和指导，帮助他们更好地理解和应用新的物理知识。此外，教师也可以检查和评价学生的笔记质量，并提供相应的建议和指导。

（二）教学过程中需要注意的问题

1. 激活前置知识需要恰当的时间和方式

在确定激活前置知识的时间和方式时，需要根据学生的认知水平和学科特点进行合理安排的方法。这种方法是基于学生的认知水平、学科特点和个体差异等因素，选择适当的时间和方式来激活前置知识，以确保学生能够更好地接受和理解新的物理知识。

在物理教学中，要求学生回忆前置知识的时间和方式应该是针对性的和有效的。如果学生太早或太晚被要求回忆前置知识，可能会影响他们对新知识的接受和理解。如果学生没有充分准备，过早回忆前置知识可能导致他们感到困惑和不安；而如果学生已经忘记了前置知识，过晚回忆也会导致他们无法跟上新的知识点。

教师需要根据学生的认知水平和学科特点，选择适当的时间和方式来激活前置知识。可以在新知识点引入之前，让学生回顾和复习相关的前置知识；或者在新知识点讲解后，通过小组讨论等方式，鼓励学生进行回顾和总结。

通过合理安排激活前置知识的时间和方式，可以最大限度地发挥其应有的作用，促进学生更好地接受和理解物理知识。同时，也能够帮助学生在学习中保持积极性和参与度，提高其自主学习和独立思考能力。

2. 激活前置知识需要注意前后关联性

在激活前置知识时，需要帮助学生建立更清晰、准确和全面的知识框架，以便更好地理解和应用新的概念、实验结果或应用案例。这种方法是基于学生可能存在遗忘或混淆的情况，通过联系已有的知识来促进学习效果。

在物理教学中，学生的前置知识可能存在遗忘或混淆的情况，这会影响他们对新的概念、实验结果或应用案例的理解和应用。因此，教师需要帮助学生建立更清晰、准确和全面的知识框架，以便更好地理解和应用新的物理知识。

在激活前置知识时，可以将其与新的概念、实验结果或应用案例联系起来，以便更好地理解它们。例如，在讲授光电效应时，教师可以引导学生回想量子力学的相关知识，以便更好地理解光电效应的机制；或者让学生结合之前所学的电磁学知识，理解磁场对电子运动的影响等。

通过联系已有的知识，可以帮助学生建立更清晰、准确和全面的知识框架。这可以帮助他们更好地理解和应用新的物理知识，并增强对物理知识的记忆和掌握。同时，也能够培养学生的独立思考能力和创造性思维能力。

需要注意的是，将前置知识与新的概念、实验结果或应用案例联系起来需要有条理和逻辑，避免过多的无关杂项。教师还应该及时给予学生反馈和指导，确保学生正确理解和应用新的物理知识。此外，教师还可以引导学生进行小组讨论和问题解决，以鼓励学生更深入地思考和探索相关的物理知识。

3. 激活前置知识需要不断强化和反馈

在教学过程中，需要不断强化学生对前置知识的记忆和应用，并给予及时的反馈和指导，帮助他们逐步加深对物理知识的理解和掌握[13]。这种方法是基于学习是一个渐进的过程，需要不断巩固和加强前置知识，以便更好地理解和运用新的物理知识。

在物理教学中，学生需要逐步加深对物理知识的理解和掌握，这需要不断强化对前置知识的记忆和应用。因此，教师需要在教学过程中加强对前置知识的温习和回顾，并及时给予学生反馈和指导，帮助他们更好地理解和掌握物理知识。

在强化前置知识时，可以采取多种方式，如小组讨论、课堂测试、作业布置等。通过这些方式，可以检验学生对前置知识的掌握情况，并在此基础上进行补充和提高。同时，还需要及时给予学生反馈和指导，帮助他们发现自己的错误和不足，并改正和提升。这有助于学生更好地理解和运用物理知识，并逐渐提升自己的学习水平和能力。

通过不断强化学生对前置知识的记忆和应用，可以帮助他们逐步加深对物理知识的理解和掌握。同时，也能够提高学生的自主学习和独立思考能力，促进其全面发展。需要注意的是，强化前置知识需要有针对性和有效性，教师应该根据学生的特点和需求，选择合适的方式和方法进行教学和指导。

4. 激活前置知识需要注意多元化的教学策略

在激活前置知识时，需要采取多样化的教学策略，包括口头讲解、视觉展示、实验演示、小组讨论、个人练习等多种形式。这种方法是基于不同学生具有不同的认知特点和学习方式，需要提供多样化的教学场景和活动，以便更好地促进学生的学习效果。

在物理教学中，不同学生具有不同的认知特点和学习方式，有些学生偏爱听讲，有些学生偏爱视觉展示，而有些学生则更喜欢通过实验演示或小组讨论来学习。因此，教师需要采取多样化的教学策略，以满足不同学生的需求和兴趣。

例如，通过口头讲解和视觉展示，可以帮助学生快速地掌握和理解物理概念和原理；通过实验演示，可以让学生亲身体验和观察物理现象的过程和特点；通过小组讨论，可以促进学生交流和合作，共同探讨和理解物理知识；通过个人练习，可以帮助学生巩固和加深前置知识，并提高自主学习和独立思考能力。

通过采取多样化的教学策略，可以更好地满足不同学生的需求和兴趣，提高学生的学习效果和参与度。同时，也能够激发学生的学习热情和创造性思维，促进其全面发展。需要注意的是，教学策略的选择需要有针对性和有效性，教师应该根据学生的特点和需求，选择合适的方式和方法进行教学和指导。

二、引导反思

引导反思是一种基于认知心理学的教学策略，旨在促进学生对物理知识和学习过程进行深入思考和探索。通过引导学生对自己的学习过程进行反思，可以帮助他们更好地理解和应用物理知识，并提高学习效果和自主学习能力[14]。

（一）引导学生回顾学习过程

在教学过程中，教师可以引导学生回顾自己的学习过程，以便帮助他们更好地认识自己的学习状态和问题。这种方式可以通过多种手段实现，如个人讨论、小组讨论、书面反思等。

教师可以引导学生对自己的学习过程进行反思。这包括询问学生在学习某一特定主题时采用了哪些方法，哪些部分比较难理解，自己在学习上遇到了哪些困难，等等。这些问题可以让学生思考自己的学习策略是否有效，是否需要调整或改进。同时，也可以促使学生重新审视那些曾经不够明确或困惑的概念，更好地理解基本原理。

教师可以利用这种方式帮助学生从其他同学的经验中学习。例如，教师可以鼓励学生在小组内分享自己的学习经验和教训，这能帮助其他同学更好地了解不同的学习策略和方法，并从中找到适合自己的有效学习方法。此外，小组互动还有助于培养学生的协作能力和团队意识，从而更好地适应未来的职场环境。

教师还可以通过书面反思的方式，鼓励学生对自己的学习过程进行总结和回顾。这种方式可以帮助学生更深入地思考学习中的问题、挑战和收获，形成自己的学习风格和方法，并在今后的学习中不断完善和提高。

通过引导学生回顾自己的学习过程，教师可以帮助学生更加清晰地了解自己的学习状态和问题，从而调整学习策略和方法，提高学习效率和成果。同时，这种方式也能促进同学之间的交流和合作，培养学生的团队意识和协作能力，对于学生们的全面发展也是非常有益的。

（二）提出问题引发思考

在物理教学中，教师可以通过在课堂上提出问题的方式引发学生的思考，以此来更深入地理解和应用物理知识。这种方法要求学生对所学知识进行深入探究，从而培养他们的综合思考和问题解决能力。

教师可以提出一些开放性的问题，鼓励学生自由思考和讨论。例如，"为什么电子会在电场中受到作用力？""如何利用动量守恒原理解释弹性碰撞？"，等等。这些问题让学生主动思考和探索物理现象，同时也为教师提供了反馈，从而帮助教师了解学生的学习状态和掌握程度。

教师可以提出一些具体的实例或案例，要求学生分析和解决相关问题。例如，根据特定材料的热导率计算传热速率，通过摆钟实验验证摆长与周期之间的关系，等等。这些问题不仅需要学生掌握相应的物理原理和公式，还需要他们将这些知识应用于实际情境并进行分析和解决。

教师还可以将问题设计成小组讨论或互动答题等形式，增强学生之间的交流和合作。这种方式可以让学生通过互动和合作相互帮助和补充，共同解决问题和探究物理知识。

（三）提供案例引导学生分析

教师可以通过提供实验或应用案例的方式，要求学生进行分析和讨论，以此来更好地理解和运用物理知识，并培养学生的分析和判断能力。

实验是物理教学中不可或缺的一部分，它可以帮助学生直观地理解和应用物理原理。教师可以在教学过程中引导学生进行实验，并要求他们对实验结果进行分析和讨论。例如，在磁场中测量电子荷质比的实验中，学生可以了解电子的运动规律、磁场对电子的作用力、电子荷质比的计算公式等。同时，学生还可以通过分析实验数据，探究实验误差、数据处理等问题，从而培养他们的实验设计和分析能力。

应用案例也是物理教学中的重要组成部分，它可以帮助学生将所学的物理知识应用于实际情境中。教师可以提出一些具体的应用案例，如电路的设计、机械振动的控制等，要求学生进行分析和讨论。这种方式可以使学生了解物理知识与现实世界的联系，更加深入地掌握和运用物理知识，并培养他们的分析和判断能力。

教师还可以在实验或应用案例中加入一些扩展性问题，要求学生进行综合分析和探究。例如，在电路设计案例中，学生可以讨论如何优化电路参数，以达到更佳的效果。这种方式可以增强学生的综合思考和问题解决能力，从而更好地适应未来的职业发展。

通过提供实验或应用案例的方式，教师可以帮助学生更好地理解和应用物理知识，并培养他们的分析和判断能力。在实施这种方法时，教师需要注意问题的难度和范围，以避免过于简单或太过复杂，同时也要了解学生的掌握情况和认知特点，为教学提供针对性指导和支持。此外，教师还需要通过鼓励学生互动合作，提升学生的团队合作和沟通能力，从而更好地促进学生全面发展。

（四）引导学生自主探究

教师可以引导学生自主探究和发现问题，以此来更深入地理解和应用物理知识，并培养学生的独立思考和创造性能力。这种方式可以通过多种手段实现，如实验、观察或测量任务等。

实验是物理教学中最常见也是最有效的自主探究方法之一。教师可以给学生一些简单的实验任务，让他们自行设计实验方案并进行探究，如测量电阻与电流的关系、探究物体的运动规律等。在实验过程中，学生需要通过观察实验现象、记录数据和分析结果等方式，去发现有关物理知识的规律和特点。

观察是另一种常见的自主探究方式。教师可以鼓励学生在日常生活中观察和发现物理现象，如天体运动、声音传播等。通过观察和记录，学生可以自主探究和理解物理原理，并培养他们对物理现象的细致观察和分析能力。

测量任务是一种既简单又有效的自主探究方式。教师可以要求学生进行测量，并让他们自行处理和分析所得数据，从而发现有关物理知识的规律和特点。例如，要求学生通过测量不同温度下金属的电阻值，探究温度与电阻值的关系。

通过引导学生自主探究和发现问题，教师可以帮助学生更深入地理解和应用物理知识，并培养他们的独立思考和创造性能力。在实施这种方法时，教师需要注意问题的难度和范围，以避免过于简单或太过复杂，同时也要了解学生的掌握情况和认知特点，为教学提供针对性指导和支持。此外，教师还需要通过鼓励学生互动合作，提升学生的团队合作和沟通能力，从而更好地促进学生全面发展。

三、提供即时反馈

在认知视角下的物理教学中，提供即时反馈是一种非常有效的教学策略。它可以帮助学生及时了解和纠正自己的错误，加深对物理知识的理解和掌握程度。本部分将详细介绍提供即时反馈的方法和应用。

（一）提供即时反馈的方法

1. 口头反馈

口头反馈是指教师直接对学生讲述或解释，以告诉他们正确的方法、纠正错误或提出建议。这种反馈方式最常见也最直接，可以随时进行，不需要特殊设备和准备工作。

在教学过程中，学生难免会犯错或出现问题，而口头反馈可以帮助学生及时纠正和指导。例如，在测量实验中出现误差时，教师可以指出其错误并告诉正确的做法。通过及时的反馈，学生可以快速了解自己的错误，并及时改正，从而更好地掌握知识和技能。

口头反馈是一种简单有效的教学策略，可以帮助学生更好地理解知识和掌握技能。教师应该经常使用口头反馈，以便及时纠正学生的错误并提供指导，促进学生的学习效果。

2. 书面反馈

书面反馈是一种通过作业、测试等形式进行的间接反馈方式，教师可以在这些任务中设置针对性的反馈机制，让学生及时了解自己存在的问题和错误，并给予相应的指导和建议。

在学习过程中，学生需要经常完成作业和测试等任务，而这些任务也是教师提供书面反馈的最好途径。通过书面反馈，教师可以让学生更清楚地了解自己的疏漏和错误，从而更有针对性地改善自己的学习情况。同时，教师也可以在反馈中提供具体的纠错指导和建议，帮助学生更好地掌握所学知识和技能。

书面反馈不仅可以提供具体的纠错指导，同时还可以帮助学生总结和归纳所学内容。例如，在作业或测试中，教师可以针对学生的表现情况编写详细的反馈，系统地总结并归纳学生的知识点薄弱处，帮助学生更好地理解和掌握知识。

书面反馈是一种简单有效的教学策略，可以帮助学生更好地了解自己的问题和错误，并提供针对性的指导和建议。教师应该在作业、测试等任务中设置反馈机制，为学生提供有用的反馈信息，促进他们的学习效果。

3. 技术反馈

技术反馈是指通过计算机、互联网等技术手段提供反馈信息的一种方式。例如，在在线测试中，学生可以立即得到自己的成绩和题目的正确答案；在电子教学平台中，学生可以通过视频、图片等多种方式获得物理实验的详细演示[15]。

技术反馈具有高效性、直观性和丰富性的特点，能够更好地激发学生的学习兴趣和积极性。与传统的反馈方式相比，技术反馈不仅提供了更加直观和丰富的信息，而且还能够更快速地获得反馈结果。例如，在在线测试中，学生可以立即得到自己的成绩和题目的正确答案，从而更好地了解自己的掌握程度和需要努力的方向。在电子教学平台中，学生可以通过视频、图片等多种方式获得物理实验的详细演示，从而更加深入地了解实验原理和方法，提高实验效果和质量。

技术反馈是一种高效、直观、丰富的反馈方式，可以更好地激发学生的学习兴趣和积极性。教师应该积极运用技术反馈，为学生提供更好的教学服务，促进学生的学习效果。同时，需要注意技术反馈的合理应用，以保证其反馈信息的准确性和可靠性。

（二）提供即时反馈的应用

1. 课堂教学

在课堂教学中，教师可以通过多种方式提供即时反馈，如口头问答、小组讨论等。在口头问答中，教师可以直接向学生提出问题，并给予及时的反馈和指导。当学生回答错误或存在疑问时，教师可以及时进行纠正和指导，帮助学生更好地掌握所学知识和技能。在小组讨论中，教师可以鼓励学生相互讨论自己的问题和疑惑，并及时给予个别化的反馈和指导。这种方式可以激发学生的思考和探究兴趣，加深对所学知识的理解和掌握程度。

即时反馈的优点在于它能够及时纠正和指导学生的错误和疏漏，满足学生不同的需求和水平。同时，即时反馈还可以激发学生的思考和探究兴趣，增强学生的学习动力和积极性。最重要的是，即时反馈可以帮助学生更好地掌握所学知识和技能，提高学习效果和质量。

2. 实验教学

在物理实验教学中，提供即时反馈具有非常重要的意义。学生可以通过测量结果及时了解自己的误差和问题，并得到相应的纠正和指导。教师可以设置针对性的反馈机制，如当学生测量结果与标准值相差较大时，教师可以及时指出其错误，并让其重新进行测量。这种方式可以提高实验教学的效率和质量，加深学生对物理现象的理解和掌握程度。

即时反馈的优势在于它能够让学生更好地理解和掌握实验原理和方法，避免不必要的误差和疏漏。同时，即时反馈还可以让学生更加专注于实验过程，提高实验的准确性和可靠性。最重要的是，即时反馈可以帮助学生更好地理解和掌握物理现象，提高学习效果和质量。

即时反馈是一种非常重要的教学策略，可以提高实验教学的效率和质量，加深学生对物理现象的理解和掌握程度。教师应该积极设置反馈机制，为学生提供及时的纠正和指导，满足不同学生的需求和要求。最终目的是让学生更好地掌握实验原理和方法，提高学习效果和质量。

3. 作业和测试

在作业和测试中，提供即时反馈是非常必要的。通过完成作业和测试，学生可以了解自己所学知识的掌握程度，并及时得到纠错指导和提高建议。教师可以设置针对性的反馈机制，如在学生回答题目错误时，立即显示正确答案并给予相应的解释。这种方式可以提高学生的学习效果和成绩，加深对所学知识的理解和掌握程度。

即时反馈的优势在于它能够让学生更好地了解自己的疏漏和问题，及时进行纠正和指导。同时，即时反馈还可以让学生更加关注自己的学习进程，提高学生的学习动力和积极性。最重要的是，即时反馈可以帮助学生更好地理解和掌握所学知识，提高学习效果和质量。

4. 个性化学习

提供即时反馈是个性化学习中非常重要的一环。在个性化学习中，教师可以根据学生的掌握水平和需要，给予不同的反馈和指导。例如，在线学习平台可以根据学生的作答情况，自动推荐适合其学习的内容，并及时给予相应的反馈和建议。这种方式可以促进学生对所学知识的深入理解和掌握，同时也可以提高学生的学习兴趣和积极性。

即时反馈在个性化学习中的优势在于它能够根据学生的实际情况进行针对性的指导和支持，满足不同学生的需求和要求。同时，即时反馈还可以让学生更好地了解自己的疏漏和问题，并及时进行纠正和指导。最重要的是，即时反馈可以帮助学生更好地理解和掌握所学知识，提高学习效果和质量。

在个性化学习中，提供即时反馈是一种非常重要的教学策略，可以促进学生的学习兴趣和积极性，提高学生的学习效果和质量。教师应该根据学生实际情况设置反馈机制，为学生提供个性化的纠正和指导，满足不同学生的需求和要求。最终目的是让学生更好地理解和掌握所学知识，提高学习效果和质量。

（三）注意事项

1. 反馈要及时

及时的反馈可以让学生更好地理解和掌握所学知识。学生在学习过程中难免会犯错误或存在问题，这些错误和问题如果得不到及时纠正，就会逐渐积累并导致更大的困难。而及时的反馈则可以帮助学生发现自己的错误和问题，并及时进行纠正和指导，防止错误和问题进一步积累和扩大。

及时的反馈还可以让学生更加专注于学习过程。当学生得到及时的反馈和指导后，他们会更有信心和动力去继续学习和探究。同时，及时的反馈也可以让学生更加深入地理解所学知识，推动学生的思考和创新。

教师应该在教学过程中积极提供反馈和指导，及时纠正学生的错误和问题，避免错误和问题的积累。最终目的是让学生更好地掌握所学知识，提高学习效果和质量。

2. 反馈要具体

具体的反馈可以让学生更清晰地了解自己的错误和问题。当学生完成作业、测试或实验时，他们希望能够知道自己做得好或做得不好的方面，以便在将来的学习中进行改进。具体的反馈可以帮助学生更好地了解自己的错误和问题，并发现自己的盲点和弱点。例如，教师可以详细解释学生的答案为什么有误或提供建议，使学生更加明确自己的错误和需要改进的方向。

具体的反馈还可以让学生得到相应的纠正和指导。当学生知道自己犯了错误或存在问题时，他们需要得到及时的纠正和指导。具体的反馈可以为学生提供具体的建议和指导，帮助学生针对性地解决问题和克服困难。例如，教师可以为学生提供正确的答案和解释，或者为学生提供特定的实践建议，使学生更好地理解和掌握所学知识。

教师应该在教学过程中积极提供具体的反馈和指导，让学生更好地了解自己的错误和问题，并得到相应的纠正和指导。最终目的是让学生更好地掌握所学知识，提高学习效果和质量。

3. 反馈要针对性强

针对性强的反馈可以更好地满足学生的需求。不同学生在学习中都会遇到不同的问题和困难，因此需要针对性强的反馈来满足他们的需求。例如，一个学生可能需要更多的解释来理解某个概念，而另一个学生则需要更多的实践机会来掌握某个技能。针对性强的反馈可以根据学生的实际情况进行调整，以满足不同学生的需求和要求。

针对性强的反馈还可以加强对所学知识的理解和掌握程度。当学生得到针对性强的反馈时，他们可以更加深入地了解自己的错误和问题，并掌握相应的解决方案。通过一步步地纠正和指导，学生可以逐渐提高对所学知识的理解和掌握程度，并加深对知识的记忆和掌握程度。例如，教师可以根据学生的实际情况设置更具体的练习题目或实验方案，以帮助学生更好地巩固和掌握所学知识。

教师应该在教学过程中积极提供针对性强的反馈和指导，根据学生的实际情况进行调整，满足不同学生的需求和要求。最终目的是让学生更好地掌握所学知识，提高学习效果和质量。

4. 反馈要鼓励学生

反馈不仅要指出学生的错误和问题，还要给予鼓励和肯定。例如，教师可以在反馈中指出学生正确的答案，提供良好的解释和建议，以及赞扬学生的努力和进步。

　　给予鼓励和肯定可以激发学生的学习兴趣和积极性。当学生感受到自己的学习成果得到认可和赞赏时，他们会更加热爱学习、积极进取。此外，正面的反馈还可以让学生更加专注于学习过程，因为学习的过程本身也变得更加有意义和有价值。

　　教师应该及时在教学过程中积极提供正面的反馈和鼓励，让学生感受到自己的进步和成就，从而增强学习的信心和动力。最终目的是让学生更好地掌握所学知识，提高学习效果和质量。

第三章
社会文化视角下的物理教学方法研究

本章主要探讨社会文化视角下的物理教学方法研究，包括语境分析、跨文化物理教学方法的设计和实践以及社交性学习在物理教学方法中的应用。首先，将分析社会文化因素对物理教学的影响，并对现有物理教材的文化意识进行分析；其次，将介绍跨文化物理课程设计原则、要求，以及跨文化物理教学方法，并提供实践案例；最后，还将探讨社交性学习在物理教学中的应用，包括协作式学习模式和角色扮演式学习模式。通过多个维度的探究，本章旨在为物理教师提供多样化的教学方法，以满足不同学生的需求，促进学生的学习成长。

第一节　社会文化视角下的语境分析

一、社会文化因素对物理教学的影响

在物理教学过程中，社会文化因素对学生的学习成果和教师的教学效果具有重要影响。学生的文化背景、价值观、信仰和语言背景等方面，以及教师的教育经验和认知水平等因素都可能影响到他们的态度、兴趣和学习效果。此外，不同文化中的物理概念和原则也存在差异，这也将影响课程内容的选择和设计。在各个文化背景下，需要针对性地制定教学计划，采用相应的教学方法和策略，确保教学效果。此外，政策和社会环境的支持也对于促进物理教育发展至关重要[16]。本小节将从学生的学习兴趣和态度、教师的教学方式和策略、课程内容的选择和设计、语言交流方面、教育政策和社会环境等五个角度，探讨社会文化因素对物理教学的影响，并提出相应的解决方案。

（一）学生的学习兴趣和态度

学生的文化背景、价值观和信仰等方面都对他们对不同学科的兴趣和态度产生影响。在物理学这一学科中，不同文化之间存在着巨大的差异。因此，了解学生的文化背景非常重要，可以帮助教育工作者更好地激发学生的学习兴趣和积极性。

在中国，物理学通常被认为是一门难以掌握的学科，需要花费大量时间和精力才能取得好成绩。这种看法往往会让学生望而却步，从而导致他们对物理学产生消极的态度。相反地，在欧洲和北美，物理学受到较高的推崇，被视为一门非常重要的学科，因为它关注自然界中最基本的原理和现象。在这些地区，学生可

能会非常热衷于学习物理学，并对它产生浓厚的兴趣。

学生的价值观和信仰也会对他们的学习兴趣产生影响。例如，在一些宗教文化中，自然界被视为神圣不可侵犯的存在，因此对物理学的研究可能受到限制；而在其他文化中，人类对自然界的探索则被视为一项使命和责任。这种差异会影响学生对物理学的态度和兴趣。

因此，了解学生的文化背景、价值观和信仰等方面非常重要。教育工作者必须考虑到这些因素，并采取相应的教学策略，以激发学生的学习兴趣和积极性。例如，针对那些认为物理学难度大、缺乏兴趣的学生，可以通过提供有趣的案例和实验，来让他们更好地理解物理学原理。同时，也可以利用当地文化和宗教背景，来将物理学与学生的生活经验联系起来，提高他们的学习积极性和兴趣。

（二）教师的教学方式和策略

教师的文化背景和认知水平对其所采用的教学方式和策略产生直接或间接的影响。不同文化中，教育者注重的教学方法和目标也存在差异。因此，了解学生的文化特点和背景，制定相应的教学策略和方法，对于提高学生的学习效果非常重要。

在某些文化中，教育者更加强调记忆和细节，而忽视探究和实践的价值。这种教育方式往往会让学生容易出现知识烦琐、难以理解的情况。相反，在其他文化中，教育者则更加注重探究和实践，鼓励学生自主思考和发现问题。这种教育方式可以培养学生的创造性思维和实践能力，增强他们对学科的兴趣和爱好。

除此之外，教师的认知水平和知识背景也会影响到他们的教学策略。在某些文化中，教育者可能更加注重传统知识和经验；而在其他文化中则更注重前沿的研究和技术。因此，不同文化背景的教师在制定课程目标和教学策略时，需要根据学生的特点和需求进行调整，以确保教学效果。

了解学生的文化背景和特点非常重要。教育者应该尽可能地了解学生的文化习惯、思维方式和认知特点，从而制定出适合学生的教学策略和方法。例如，在某些文化中，学生可能更喜欢通过实例和案例来理解物理学原理；而在其他文化中，则更喜欢通过互动式的实验和探究来获取知识。因此，根据不同的文化背景和特点，采用不同的教学策略和手段，可以更好地激发学生的兴趣和积极性。

对于那些不同文化背景的教师，也需要提供相应的培训和支持，帮助他们更好地适应不同文化下的教学环境。这样，才能够更好地满足学生的需求，提高教学效果，促进学术交流和合作。

（三）课程内容的选择和设计

不同文化中的物理概念和原则存在差异，这是由不同文化背景下的知识体系和科学发展历程所决定的。因此，在设计物理学课程时，需要考虑到学生的文化背景和需求，并选择适合的内容和教学方法。

在某些文化中，力学被视为一门非常重要的学科。在中国，力学作为物理学的重要分支，被广泛地应用于工程、建筑等领域。在这种文化背景下，学生更注重力学及其应用。相反，在其他文化中，则更加注重热力学和电磁学等领域。因此，在设计课程时，需要根据学生的文化背景和兴趣，选择合适的内容和教学方法，以便让他们更好地理解和掌握物理学概念和原则[17]。

不同文化中对于物理学的教育目标和方法也存在差异。例如，在某些文化中，物理学被视为一门帮助人们理解自然界本质的学科；而在其他文化中，则更加注重应用和实践。因此，在设计课程时，需要采用相应的教学方法和手段，以满足不同文化背景下学生的需求和兴趣。

对于那些具有多元文化背景的教育环境来说，设计物理学课程也需要考虑到跨文化层面。如在涉及圆周运动等概念时，某些文化可能使用弧度制而非角度制表示角度大小。因此，在设计物理学课程时需要注意这种差异，并在课堂上进行解释和说明，以确保学生真正理解所学内容。

（四）语言交流方面

学生的语言背景对于其对物理概念和表达方式的理解产生了直接影响。不同文化中，数字和符号使用的规范也存在差异，这可能导致学生在数学和物理方面的理解困难。因此，在教授物理学课程时，需要采取相应的措施，以确保学生能够理解和表达物理学概念。

在某些文化中，数字和符号使用的规范可能与国际标准存在差异。例如，在一些亚洲国家中，常常使用汉字或拼音来代替数字和符号。这种差异可能导致学生在学习数学和物理时出现理解困难。因此，在教授物理学课程时，需要采取相应的措施来帮助学生理解数字和符号的含义和用法。

除了数字和符号的差异外，学生的语言背景还可能影响他们对于物理学概念的理解。例如，在一些非英语国家，学生可能更习惯于使用本地语言来描述物理学概念，而不是英语。这可能导致学生在学习物理学时出现理解困难。因此，在教授物理学课程时，需要提供多种语言材料和解释方式，以便学生理解和掌握物理学概念。

对于那些具有多元文化背景的教育环境来说，设计物理学课程还需要考虑到跨文化层面。例如，在涉及特定符号和术语的时候，不同文化中可能存在差异。因此，在教授物理学课程时，需要注意这种差异，并提供相应的解释和说明，以确保学生真正理解所学内容。

在教授物理学课程时，需要充分考虑学生的语言背景和需求，采取多种语言材料和解释方式，以确保学生能够真正理解和掌握所学知识。同时，也需要注意到不同文化中数字、符号和术语使用的差异，以便更好地满足跨文化教育环境下学生的需求和兴趣。

（五）教育政策和社会环境

教育政策和社会环境对于物理教学产生了重要的影响。在某些文化中，政策制定者和社会大众更加重视科学教育，特别是物理教育，投入更高、更广泛的资源来支持物理教学的发展。这些国家和地区通常会采取一系列措施来提高物理教育质量，从而培养出更多的优秀科技人才。

在设计物理学课程时，需要考虑到不同国家和地区的教育政策和社会环境。对于那些投入更高的国家和地区，教育机构和学校可以得到更多的资源和支持，以便开展更为丰富和有趣的物理教育活动。例如，这些国家和地区可能会提供更全面的实验设备、更先进的技术设施和更多的经费来支持教师和学生进行研究和实践。

除了投入的资源外，政策和社会环境也影响着学生和家庭对物理教育的态度和认知。在那些重视物理教育的国家和地区，学生和家长普遍更加关注物理学习的重要性，更加热衷于参与物理教育活动。这种态度和认知可以促进学生对物理学的兴趣和热爱，并激发他们在未来进行科学研究和创新的热情。

教育政策和社会环境还可以影响到教师的职业发展和培训。在那些注重物理教育的国家和地区，政府和学校通常会提供更多的职业发展机会和培训资源，以确保教师掌握最新的教学技能和知识。这种支持可以提高教师的教学能力和水平，从而更好地满足学生的需求和兴趣。

二、现有物理教材的文化意识分析

在社会文化视角下，物理教材的文化意识分析是非常重要的。现有的物理教材往往反映了当地的文化价值观和知识体系，这可能导致学生在跨文化学习时出现理解困难，甚至产生误解[18]。本小节将对现有物理教材进行深入分析，探讨其中存在的文化隐喻、比喻、符号等元素，并关注可能存在的文化偏见和刻板印象。同时，本小节还将提出相应的应对策略，以帮助教师更好地设计并使用具有跨文化适用性的物理教材，从而提高学生的学习效果和质量。

（一）文化隐喻和比喻

隐喻和比喻是物理教学中常用的教学策略，通过将抽象的物理概念与具体的日常生活现象相联系，来帮助学生更好地理解和记忆物理概念。然而，在跨文化学习中，这些隐喻和比喻可能会产生反效果，造成学生的理解困难或者误解。

在进行文化意识分析时，我们需要识别和探讨这些隐喻和比喻，并了解其背后的文化含义。具体来说，可以从以下几个方面对隐喻和比喻进行分析。

1. 探究隐喻和比喻的文化来源

隐喻和比喻是一种具有文化属性的语言现象，在不同文化环境下的使用可能会带有不同的文化价值观和知识体系。因此，从文化意识分析的角度来看，需要深入了解隐喻和比喻的文化来源，以便更好地理解其文化背景和含义。

在进行文化意识分析时，我们可以通过以下几种方式来探究隐喻和比喻的文化来源。

（1）了解当地文化价值观。不同的文化背景中存在着不同的价值观和信仰，这些价值观和信仰都会对隐喻和比喻的产生和使用产生影响。因此，了解当地文化的价值观和信仰是深入探究隐喻和比喻文化来源的一个重要途径。

（2）研究历史渊源。隐喻和比喻的产生和演变往往与文化的变迁相关。通过研究隐喻和比喻的历史渊源，可以了解它们的起源、发展和演变过程，进而理解其背后的文化内涵。

（3）考察当地知识体系。不同文化背景中的知识体系也会对隐喻和比喻产生影响。因此，通过考察当地的知识体系，可以发现其中的共性和差异，为理解隐喻和比喻的文化来源提供依据。

2. 识别隐喻和比喻中存在的文化差异

隐喻和比喻作为一种语言现象，其使用往往受到特定文化背景的影响。在进行跨文化学习时，相同的隐喻和比喻在不同的文化环境下可能会被理解为不同的含义，这就需要我们识别和探讨其中的文化差异。

识别隐喻和比喻中存在的文化差异可以从以下几个方面入手。

（1）了解当地文化背景。通过了解当地文化背景、社会风俗以及日常生活等方面，可以更好地理解当地人对隐喻和比喻的使用方式和想法。

（2）分析隐喻和比喻的构成元素。隐喻和比喻通常是将抽象概念与具体事物相联系，通过类比或比较等方式来表达意义。通过分析隐喻和比喻的构成元素，可以发现其中存在的文化差异。

（3）研究隐喻和比喻的历史渊源。隐喻和比喻往往具有深厚的历史渊源，其形成和演变也反映了文化的变迁和发展。因此，通过研究隐喻和比喻的历史渊源，可以了解它们在不同文化环境中的演变过程和含义变化。

3. 寻找替代的隐喻和比喻

当隐喻和比喻会造成跨文化学习中的理解困难时，我们需要寻找相应的替代隐喻和比喻来帮助学生更好地理解物理概念。这些替代隐喻和比喻应该基于以下两个原则。

（1）基于共同的文化经验。替代隐喻和比喻应该基于学生已有的文化经验和常识，这样能够更容易地为学生所理解。例如，在教授电路中的电阻时，可以将电阻比作汽车行驶中的摩擦力，因为大多数学生都有开车或者坐车的经验。

（2）具有跨文化适用性。替代隐喻和比喻应该在不同文化背景下具有适用性，以便帮助学生建立跨文化的联想。一个好的替代隐喻或比喻不应该只在某些特定的文化环境下有效，而应该是具有普遍适用性的。

4. 引导学生了解不同文化之间的差异

在跨文化学习中，了解不同文化之间的差异是非常重要的。在进行物理教学时，需要引导学生了解不同文化之间的差异，在文化交流和跨文化学习中保持开放的心态和包容性。

具体来说，可以从以下几个方面入手。

（1）了解不同文化之间的历史背景。不同的文化背景往往会涉及不同的历史背景和发展，因此了解这些背景可以帮助学生更好地理解文化背景下的学习内容。

（2）比较不同文化之间的社会风俗。社会风俗是不同文化之间的重要差异之一，通过比较不同文化之间的社会风俗，可以让学生更深入地了解不同文化之间的差异，并培养跨文化交际的能力。

（3）尊重不同文化之间的差异。在进行跨文化学习时，需要尊重不同文化之间的差异，避免过度肯定或否定某种文化。同时，在交流和互动中，也需要保持尊重和包容性，倾听他人的观点和意见，以便建立良好的跨文化交流关系。

（二）文化符号和图像

在物理教材中，存在大量的文化符号和图像，如特定颜色、形状和语言等。这些符号和图像往往会受到当地文化影响，并且可能在跨文化学习中造成认知偏差[19]。因此，在进行物理教育时，需要对这些文化符号和图像进行文化意识分析，以便更好地帮助学生理解物理概念和现象。

（1）识别文化符号和图像。在进行文化意识分析时，首先需要识别物理教材中存在的文化符号和图像，进一步了解其背后的文化含义和来源。这些文化符号和图像可能是具有局部特色的，也可能是全球通用的。例如，中国文化中红色代表吉祥和幸福，而在西方文化中，红色则常常代表爱情和危险等；再比如，箭头代表方向，在不同的文化环境中可能会被设计成不同的形状。

（2）解释文化含义。在识别了物理教材中存在的文化符号和图像之后，需要进一步解释其文化含义。通过深入了解这些符号和图像的文化内涵，可以帮助学生更好地理解物理概念和现象。例如，在教授光的波长时，可以解释彩虹中不同颜色的含义，让学生了解不同文化对颜色的认知和运用。

（3）探究文化来源。在解释文化符号和图像的文化含义之后，需要进一步探究其文化来源。这有助于学生更好地理解文化背景和当地文化传统以及不同时代的文化变迁。例如，在教授中国古代科技发展历程时，可以介绍古代仪器的形状、材质和使用方法，让学生了解古代思想文化对科技进步的影响。

（4）引导跨文化交流。在进行物理教育时，还需要引导学生进行跨文化交流并保持开放的心态。通过比较不同文化之间的共性和差异，可以培养学生的跨文化交际能力和全球视野，并且增强他们适应多元文化环境的能力。例如，在教授国际标准单位制时，可以介绍不同国家对度量衡的认识和使用方式，让学生了解不同文化之间的共性和差异。

（5）使用替代文化符号和图像。在进行跨文化学习时，当存在无法理解的文化符号和图像时，可以使用替代的文化符号和图像来帮助学生更好地理解物理概念和现象。这些替代符号和图像应该基于共通的文化经验，并具有跨文化适用性。例如，在教授电路中的电阻时，如果学生不了解热量与电阻的关系，可以用水流速度与管道直径的关系来帮助学生理解。

（三）文化偏见和刻板印象

在物理教材中存在文化偏见和刻板印象，这是一个严重的问题。这些偏见和印象可能会对学生产生负面影响，同时也会对教育公平产生不利的影响。因此，在文化意识分析中需要识别和消除这些偏见和印象。

（1）男性和女性的表现和处理方式可能被不平等地对待。某些物理实验可能更适合男性参与，或者男性被认为更擅长物理学习，而女性则被认为不擅长。这些偏见不仅破坏了女性学生的自信心，还可能导致她们对物理学习失去兴趣。为了解决这个问题，教师需要采用更多包容性的方法，如设法吸引女性参与物理实验或探究女性科学家的生平故事。

（2）存在其他可能影响文化意识分析的偏见和印象。这种偏见存在于教材中，可能会使学生难以将物理概念与其文化背景联系起来。虽然一些物理原理在某些文化中得到了广泛应用，但在其他文化中却不常见。因此，在教学物理时，教师应该扩大教材范围，引入多个文化和国家的物理实践案例，以便让学生了解并尊重不同文化之间的差异。

（3）物理教材中可能存在一些隐藏的偏见。对某些概念（如电子）进行不必要的强调，而对其他概念（如声波）进行轻视。这种偏见可能会导致学生重视某些概念而忽视其他概念，从而影响他们对物理学科整体的认识和理解。

为了消除这些偏见和印象，教师可以采用以下方法。

（1）明确意识到这些偏见和印象的存在，并认真考虑它们可能造成的影响，以便能够针对性地解决这些问题。教师需要通过注意力、敏感度和自己的文化经验来识别物理教材中存在的文化偏见和刻板印象。在发现这种情况时，需要清晰地认识问题并认真思考它们可能对学生产生的影响，进而采取相应措施来消除偏见和印象。

（2）增强自身的文化意识，包括了解不同文化之间的差异、了解性别平等，以及尊重不同的文化背景等。为了更好地培养跨文化意识，教师应该增加对多元文化的学习，提高对其他文化的了解和接纳。这样，他们可以更加敏感地处理与文化有关的问题，同时将文化多样性融入教育实践中。

（3）将这些理念纳入课程设计中，如使用多元化的教材或引入具有不同文化背景的科学家的案例。在课程设计和实施过程中，应该将文化意识融入其中，如使用符合学生文化背景的教材，引入多元文化的案例和实践，增加女性和少数民族学生的参与度等。这样可以帮助学生更好地理解物理概念和现象，并在实践操作中培养跨文化意识。

第二节 跨文化物理教学方法的设计和实践

本节将探讨跨文化物理教学方法的设计和实践。由于不同文化背景和语境下的学生对物理教学内容的理解和接受程度有所差异，因此在物理教学中引入跨文化元素具有重要意义。本节将从两个方面进行分析：一是跨文化物理课程设计原则和要求；二是跨文化物理教学方法。通过研究跨文化物理教学方法的设计和实践，为教师提供指导和启发，以便能够更好地应对多元文化背景下的物理教学挑战，提高教学质量。

一、跨文化物理课程设计原则

（一）尊重学生的文化背景和差异

在跨文化物理课程设计中，教育者需要充分考虑学生来自不同文化背景、信仰和习惯等方面的差异。因为学生个体之间存在着文化差异，这些差异会影响到他们对物理学科内容的理解和认知，同时也会影响到他们参与探究和讨论的积极性和兴趣。因此，课程设计应当尊重学生的文化背景和差异，并且在教学过程中给予足够的关注和支持。

对于学生所处的文化背景和信仰，教育者可以采用多元文化教材和教学手段，以便学生更好地了解物理学科在不同文化背景下的应用和发展。例如，可以选取不同国家和地区的物理现象和问题进行比较和分析，从而帮助学生跨越文化壁垒，深入理解物理学科的本质。

针对学生在物理学科学习方面的经验和兴趣，教育者可以充分调查学生的学习需求和兴趣点，据此设计有针对性的教学方案。例如，可以在课程中融入学生日常生活中涉及的物理知识和技能，从而激发他们对物理学科的兴趣和热情。

教育者还可以采用多种教学方法和策略，以便满足不同文化背景下学生的学习需求。例如，可以组织学生小组讨论、案例分析、跨文化比较等教学活动，以促进学生之间的交流与合作，分享彼此的不同经验和文化视角，同时也增强了学生在物理学科学习中的参与度和归属感。

（二）提供真实可行的案例

在跨文化物理课程中，提供真实可行的实例是非常重要的，这可以帮助学生更好地理解和应用物理知识。同时，也有助于让学生了解物理学科在不同文化背景下的应用，促进跨文化交流。

具体而言，教育者可以采用以下方式来提供真实可行的实例。

（1）选择与学生日常生活相关的物理实例，以便学生能够更加直观和深入地理解物理学科的概念和原理。例如，在介绍力学知识时，可以引用各种运动场景，如汽车、自行车等，从而激发学生对物理学科的兴趣和热情。

（2）将物理学科与学生所处的文化背景结合起来，引入一些具有文化特色的物理实例。例如，可以介绍中国古代发明的"针灸"技术，通过解释物理原理，让学生更好地理解它的实际效果。

（3）引入一些国际性的物理实例，如太阳系、宇宙等，以此培养学生的全球化视野，并激发他们对物理学科的探究热情。

（三）强调语言和多元文化素养

在跨文化物理课程设计中，强调语言和多元文化素养非常重要，因为这可以帮助学生更好地理解和掌握物理学科内容，并促进跨文化交流。为此，教育者可以采用各种语言和文化元素在内的多语种教材和多种语言教学手段。

利用多语种教材，包括英语、西班牙语、法语等多种语言版本，以满足不同语言背景的学生对物理学科内容的认知需求。同时，这也有助于培养学生的语言能力和全球化视野。

可以通过引入本地文化元素，激发学生对物理学科的兴趣和热情。例如，在讲解光学知识时，可以介绍各个国家、地区所生产的光学仪器，展示不同文化背景下的光学应用和研究成果。

还可以通过开展跨文化交流活动，鼓励学生积极分享彼此的文化经验和知识，增加学生之间的互信与理解，从而提高学生的多元文化素养。

（四）采用多样化的教学策略

在跨文化物理课程的教学策略设计中，多样化的教学方法和手段非常重要。因为不同文化背景下的学生对物理学科内容的认知和理解存在差异，采用单一的教学策略无法满足所有学生的学习需求，而多样化的教学策略可以更好地促进学生之间的交流与合作，提高学生的参与度和学习效果。

（1）采用小组讨论的方式，让学生在小组内进行物理问题的探究和解决。通过讨论和交流，学生可以从彼此的经验中得到启示和帮助，有助于拓宽学生对物理问题的认识和理解。

（2）采用案例分析的方法，引入实际物理问题和场景，让学生在模拟的情境中探究和解决问题。这种教学方法既可以让学生更加直观地理解物理概念，又可以增强学生的动手能力和创新思维。

（3）采用跨文化比较的方式，引入不同文化背景下的物理问题和发展现状，让学生了解物理学科在不同文化背景下的应用和发展。这种教学方法可以帮助学生拓宽视野，增强多元文化素养，促进跨文化交流与合作。

（五）培养全球化视野

在跨文化物理课程设计中，培养学生的全球化视野非常重要。通过引入一些全球性的物理现象和问题，教育者可以帮助学生更好地理解和掌握物理学科在全球范围内的发展和应用，并激发学生对全球性问题的思考和分析能力[20]。

教育者可以采用以下方式来培养学生的全球化视野。

（1）引入一些全球性的物理现象和问题，如气候变化、能源危机等，介绍这些问题的全球性影响和解决方案。通过讨论和分析这些问题，学生可以深入了解物理学科在全球范围内的应用和发展情况，并且增强学生的全球意识和责任感。

（2）组织学生参加国际性的物理竞赛和交流活动，让学生与来自不同国家和地区的学生进行交流和合作。这种教学方法可以帮助学生了解不同国家和地区的物理学科教育和研究现状，以及学习和借鉴其他国家和地区的物理知识和技术。

（3）引入一些全球性的物理问题和挑战，如全球能源需求、可持续发展等，鼓励学生进行研究和探究。通过解决这些问题，学生可以深入了解物理学科在全球范围内的应用和影响，并且增强学生的创新思维和实践能力。

二、跨文化物理课程设计要求

（一）关注学生的文化背景和经验，满足不同文化背景下学生的学习需求

不同的文化背景会影响学生的学习方式和风格。例如，来自亚洲文化背景的学生可能更加重视纪律和秩序；而来自西方文化背景的学生则可能更倾向于探究和创新。了解学生的文化背景可以帮助教育者更好地理解学生的学习需求和行为，从而更好地支持他们的学习。

学生的个人经验也会影响他们的学习需求。例如，有些学生可能已经在某个领域获得了很多经验，需要更深入和高级的课程；而另一些学生可能需要更基础的课程来填补他们之前的知识差距。因此，了解学生的经验和背景也是非常重要的。

为了满足不同文化背景下学生的学习需求，教育者可以采取一系列策略。例如，提供多样化的学习资源和材料，包括针对不同文化背景的内容和案例；使用

多种教学方法和策略，以满足不同学生的学习需求和风格；尊重学生的文化背景和经验，并给予他们相应的支持和认可。

（二）采用多元化的教学手段和策略，增强学生的参与度和学习效果

采用多种语言版本的教材可以帮助学生更好地理解所学内容。通过翻译教材或者提供不同语言版本的教材，可以使母语不是英语的学生更好地理解和掌握所学知识。这样的做法可以让学生感受到尊重和认可，并且提高他们对学习的兴趣和投入度。

引入真实可行的实例可以让学生更直观地理解物理学科的概念和原理，并且与学生的实际经验相联系，提高学习效果。选取与学生日常生活相关的物理实例，或者引入本地文化特色的物理实例，可以使学生更容易地理解和应用所学知识。

协作式学习模式是另一个有效的教学策略。通过小组讨论、案例分析等方式，让学生在协作中分享彼此的经验和文化视角，增强学生的交流与合作能力。这种教学方法可以鼓励学生展现自己的优点和才能，同时也可以帮助学生识别和缩小文化差异。

角色扮演式学习模式是一种让学生通过模拟解决问题来加深对物理学科的理解的教学方法。例如，在一个全球气候变暖的情境中，学生可以扮演不同角色，从而了解气候变化的原因、影响和解决方案。这种教学方法可以激发学生的创新思维和实践能力，提高学生的动手能力，同时也可以促进跨文化交流与合作。

（三）引入全球性的物理现象和问题，培养学生的全球化视野和责任感

引入全球性的物理现象和问题可以帮助学生更好地了解物理学科在全球范围内的应用和发展情况。例如，全球气候变暖、全球能源危机等都是与物理相关的严重问题，通过学习这些问题，学生可以更好地了解物理科学应该怎样回应并解决这些问题。

全球性的物理现象和问题也可以帮助学生拓宽视野，培养他们的全球化视野和跨文化交流能力。由于不同国家和文化背景下对于同样的物理现象和问题可能有不同的看法和处理方式，因此，学生需要具备一定的跨文化沟通能力，才能更好地解决这些问题。

引入全球性的物理现象和问题还可以促进学生对于全球性问题的关注和责任感。当学生意识到这些现象和问题对于全球社会的影响时，他们就会更加认识到自己的社会责任，并且愿意为解决这些问题做出自己的贡献。

例如，在课程设计和实践中，可以在教材中引入一些与全球气候变暖、全球能源危机等相关的案例，让学生了解这些问题的根源、影响和解决方案，了解常规物理学知识体系外的相关知识，增强学生关注社会的责任意识。

（四）加强跨文化交流与合作，促进学生之间的互信与理解

跨文化交流和合作可以通过多元化的教学手段和策略来实现。例如，采用多种语言版本的教材、引入本地文化特色的案例和实例、使用协作式学习模式等，可以让学生在跨文化环境下更好地理解和应用所学知识，并且产生共鸣和感情上的联系。

跨文化交流和合作也需要教育者的引导和帮助。教育者可以通过组织学生参加多元化的活动和项目，如国际科技竞赛、海外游学、文化体验交流等，来增强学生的跨文化意识和交流能力。此外，教育者还可以运用一些沟通技巧和方法，如积极倾听、尊重他人、提供反馈等，来引导学生进行有效的跨文化交流和合作。

建立一个相互信任和理解的环境是实现跨文化交流和合作的关键。在这样的环境中，每个人都能够尊重不同的文化背景和经验，接受和欣赏不同的价值观和思维方式，从而更加容易实现跨文化交流和合作。为此，教育者需要通过一系列措施来营造这样的环境，如创造一个安全、互助和开放的学习氛围，提供反馈和支持等。

三、跨文化物理教学方法

（一）多语种教材

语言差异是国际教育中常见的问题之一。在全球化的背景下，很多学生来自不同的文化和语言背景，他们需要面对语言上的挑战，尤其是在学习科学和技术领域时。为了满足不同语言背景学生的学习需求，采用多种语言版本的教材显得尤为重要。

采用多种语言版本的教材可以帮助学生更好地理解所学内容。母语不是英语的学生可能会遇到一些翻译障碍，在学习过程中感到困惑。如果提供相应语言版本的教材，学生就可以更快更好地理解学习内容，从而提升学习效果。例如，在学习物理学时，针对西班牙语母语的学生，可以使用西班牙语版本的物理教材，让他们能够更加容易地理解物理学概念和公式。

采用多种语言版本的教材还可以帮助学生感受到尊重和认可，从而增强他们的自信心。母语不是英语的学生经常会感到被边缘化，采用多种语言版本的教材可以让他们感觉到自己的语言背景得到了重视，从而更加积极地参与学习活动。

采用多种语言版本的教材也有助于促进跨文化交流和理解。通过使用不同的教材版本，学生可以更好地了解其他国家和文化背景下的学生所面临的教育及其方式，从而促进不同学生之间的相互理解和交流。

在实践中，为满足不同语言背景学生的学习需求，教育者可以采取以下

措施。

（1）选择适宜的教材版本。根据学生的语言背景和需求，选择合适的教材版本，如英语版、西班牙语版等。

（2）提供多样化的教材。除教材版本外，还可以提供视频、录音等多样化的教材形式，让学生更好地理解所学内容。

（3）教师支持。教育者可以提供额外的辅导或语言支持，以帮助那些在语言学习上有困难的学生。

（二）真实可行的实例

在教学过程中，选用与学生日常生活相关的物理实例，或者是引入本地文化特色的物理实例，可以使学生更好地理解物理学概念和原理。这些实例能够让学生从自身经验中理解物理学的原理，并且将抽象的概念转化为直观、易懂的形式。

选取与学生日常生活相关的物理实例可以增加学生的兴趣和参与度。例如，在学习机械力学时，可以引导学生关注日常生活中的简单机械，如杠杆、滑轮等，让他们通过亲身体验和操作，感受到机械原理的奥妙，进而对机械力学产生浓厚的兴趣。

引入本地文化特色的物理实例可以更好地帮助学生了解本地文化和历史。例如，在学习光学时，可以利用当地的文化和传统，介绍当地人民如何运用光学技术解决生产和生活中的问题，如使用太阳能灶烧饭、利用光学原理制作玻璃等。这样的教学方法可以帮助学生更好地理解物理学在本地文化中的应用和发展情况。

选取与学生日常生活相关的物理实例或引入本地文化特色的物理实例还可以增强学生的实践能力和创新思维。通过将物理学概念和原理应用到实际生活中，学生不仅可以更好地掌握知识，同时也能够培养实践能力和创新思维。例如，在学习电学时，可以让学生使用废旧电池和铜线制作简单电路，从而让学生掌握电流、电压等基本概念，并且培养他们的实践能力和创新思维。

在实践中，为了选取与学生日常生活相关的物理实例或引入本地文化特色的物理实例，教育者可以采取以下措施。

（1）关注学生的兴趣和需求。了解学生的兴趣和需求，从而选择适合他们的实例和案例。

（2）利用现有资源。考虑使用学生周围已有的资源和工具，如当地文化、自然环境等，让学生更容易理解和应用物理学知识。

（3）鼓励实践和创新。在选取实例时，尽量关注实践和创新，让学生能够通过实际操作体验知识，从而提高他们的学习兴趣和动力。

（三）跨文化比较

随着全球化的不断深入，人们正在越来越意识到多元文化之间的相互影响和交流。在物理教育中，引入不同文化背景下的物理问题和发展现状，可以帮助学生更好地了解物理学科在不同文化背景下的应用和发展情况，增强他们的多元文化素养。

引入不同文化背景下的物理问题可以使学生更深入地理解物理概念和原理。不同文化背景下的人们可能会有不同的物理问题和解决方法。通过了解这些问题和方法，学生可以更好地理解物理学的概念和原理，并且探究其在其他文化背景下的应用和发展情况。例如，在学习力学时，可以引入中国古代工程建筑的结构设计和材料运用，让学生了解当时的工程师如何利用物理原理完成工程项目。

引入不同文化背景下的物理问题还可以增强学生的多元文化素养。多元文化素养是指能够欣赏、尊重和理解不同文化之间的差异和相似之处，并且能够有效地进行跨文化交流和合作。通过引入不同文化背景下的物理问题，学生可以了解到其他文化中人们对于物理学科的发展和应用，从而拓宽自己的视野，促进多元文化素养的培养。

引入不同文化背景下的物理问题还可以激发学生的探究兴趣和创新思维。了解不同文化背景下的物理问题和解决方法，可以让学生进一步思考如何运用物理学知识来解决实际问题，同时也可以鼓励他们进行跨学科探究和创新尝试。例如，在学习热力学时，可以引入印度古代文化中的热灸疗法，让学生思考其背后的物理原理，进而探讨如何将这些原理应用到现代医疗技术中。

在实践中，为了引入不同文化背景下的物理问题和发展现状，教育者可以采取以下措施。

（1）选择有代表性的案例或实例。根据学生的语言、文化和背景，选择具有代表性的案例或实例，让学生更好地了解不同文化下的物理问题和发展现状。

（2）关注跨学科融合。在引入案例或实例时，可以结合其他学科，如历史、文化等，让学生进一步了解其社会、文化和历史背景。

（3）鼓励学生探究和创新。在教学过程中鼓励学生进行探究和创新尝试，让他们运用物理学知识来解决实际问题，并且加强跨学科探究和创新思维。

（四）跨学科教学

物理学科与其他学科之间存在着紧密的联系，在教学过程中，结合其他学科的知识和技能，可以帮助学生更好地理解物理学概念和原理，并且增强他们的综合素养和应用能力。

结合数学知识，可以帮助学生更深入地理解物理学中的数学概念和原理。在物理学中，许多问题涉及数学知识，如向量、微积分、代数等。通过结合数学知识进行教学，可以帮助学生更好地理解这些概念和原理，并且掌握相关计算方法和技巧。例如，在教学牛顿第二定律时，可以结合向量知识，让学生了解加速度的大小和方向如何与受力的作用方向相同或相反。

结合语言知识，可以促进学生的跨文化交流和合作。在全球化背景下，语言成为一种重要的跨文化交流工具，通过结合语言知识进行教学，可以帮助学生更好地了解不同语言和文化背景下的物理问题和发展现状，并且加强跨文化交流和合作能力。例如，在教学电磁感应时，可以引入英国物理学家法拉第电磁感应实验和德国物理学家奥斯特电磁感应实验，让学生了解不同国家对于电磁感应的研究历程和成就。

结合其他学科的知识和技能还可以激发学生的创新思维和应用能力。物理学科与其他学科之间存在着紧密的联系，通过结合其他学科的知识和技能进行教学，可以促进学生进行跨学科探究和创新尝试。例如，在教学光学时，可以引入光学与数码摄影中的关系，让学生了解光学在数码摄影中的应用，并且鼓励他们进行创新设计和实践操作。

在实践中，为了结合其他学科的知识和技能，教育者可以采取以下措施。

（1）确定教学目标和重点。根据物理学科的要求和其他学科的知识，确定教学目标和重点，以保证教学效果。

（2）整合课程内容和教学资源。在教学过程中整合课程内容和教学资源，如教材、实验设备和网络资源等，以便进行跨学科探究和创新尝试。

（3）鼓励学生进行实践操作和创新尝试。在教学过程中鼓励学生进行实际操作和创新尝试，让他们能够更好地掌握知识，并且培养实践能力和创新思维。

（五）协作式学习模式

物理学科需要掌握一定程度的抽象概念和数学知识，因此在教学过程中，采用小组讨论、案例分析等教学策略，可以帮助学生更好地理解和掌握物理学概念和原理，并且增强他们的交流与合作能力。

通过小组讨论，可以激发学生的思维和创新能力。小组讨论是一种以小组为单位进行的互动式教学活动，可以让学生在协作中共同探讨物理问题，从而激发学生的思维和创新能力，加深对物理学概念和原理的理解。例如，在教学牛顿第三定律时，可以让学生组成小组，就牛顿第三定律的应用场景进行讨论，让学生通过思辨和交流来认识力的相互作用。

通过案例分析，可以加强学生的跨文化交流和合作能力。案例分析是一种以实例为基础进行的教学活动，可以让学生了解不同文化背景下的物理问题和发展现状，并且增强跨文化交流和合作能力。例如，在教学电子学时，可以引入不同国家的电子技术发展历程和成就，让学生了解不同文化和国家对电子技术的贡献和影响。

通过小组讨论和案例分析等教学策略，还可以促进学生的自主学习和思考能力。在小组讨论和案例分析中，学生需要充分发挥自己的独立思考和判断能力，从而培养自主学习和思考的能力，这对于学生的长远发展非常重要。

在实践中，为了采用小组讨论、案例分析等教学策略，教育者可以采取以下措施。

（1）设计合适的课堂活动。在教学过程中设计合适的小组讨论和案例分析等课堂活动，以提高学生参与度和学习效果。

（2）制定明确的评估标准。在小组讨论和案例分析等课堂活动中制定明确的评估标准，以确保学生的学习成果和教学质量。

（3）促进学生之间的交流和合作。在小组讨论和案例分析等课堂活动中，鼓励学生之间进行交流和合作，增强他们的团队意识和协作能力。

（六）角色扮演式学习模式

物理学科需要具有一定的实验与探究能力，所以在教学过程中，采用角色扮演等教学策略，可以帮助学生更好地模拟物理情境，从而增强其动手能力和创新思维，并且促进跨文化交流与合作。

通过角色扮演，可以让学生更好地模拟物理情境。角色扮演是一种以角色为基础进行的表演活动，可以让学生在模拟的情境中探究物理问题，如进行实验或解决复杂的物理问题。例如，在教学电磁感应时，可以让学生扮演一个发明家，设计一台基于电磁感应原理的发电机，鼓励学生从实际出发，提高动手能力和创新思维。

通过角色扮演，可以增强学生的跨文化交流和合作能力。角色扮演可以让学生在不同的角色中体验不同的文化背景和价值观，增强跨文化交流和合作能力。例如，在教学声学时，可以让学生扮演一位音乐家或者一位工程师，通过角色扮演，让学生了解不同领域对于声波的应用和研究，促进学生之间的跨文化交流和合作。

通过角色扮演，还可以促进学生的创新思维和应用能力。在角色扮演中，学生需要从不同的角度出发来分析和解决问题，从而培养他们的创新思维和应用能力。例如，在教学光学时，可以让学生扮演一个科学家，利用光学原理设计和制作一个实用的光学仪器，鼓励学生进行跨学科探究和创新尝试。

在教育者落实这一策略时，需要注意以下几点。

（1）设计合适的角色扮演活动。在教学过程中，要设计合适的角色扮演活动，以保证活动具有趣味性、挑战性和实用性。

（2）强化学生的实践能力。在角色扮演中，要注重学生的实践能力，鼓励他们进行实验或者解决实际问题，提高动手能力和创新思维。

（3）促进跨文化交流与合作。在角色扮演中，要引入不同文化背景和视角的元素，促进学生之间的跨文化交流与合作，增强团队意识和协作能力。

第三节　社交性学习在物理教学方法中的应用

本节将探讨社交性学习在物理教学中的应用。社交性学习是指通过与他人互动、协作和共同建构知识来促进学生学习的一种方法。在物理教学中，采用社交性学习模式可以有效提高学生的合作能力、创新思维和解决问题能力。本节将介绍两种社交性学习模式：协作式学习和角色扮演式学习，并探讨它们在物理教学中的实际应用效果。通过对社交性学习模式的研究和实践，本节旨在为物理教师提供借鉴和启示，帮助他们更好地设计和实施具有社交性学习特点的物理教学方法，以提高学生的学习效果和兴趣。

一、协作式学习模式

协作式学习模式是一种社交性学习模式，指学生在小组或团队中共同合作完成任务或项目的学习方式。在物理教学中，采用协作式学习模式可以有效提高学生的合作能力、创新思维和解决问题能力。

（一）协作式学习模式的定义和特点

协作式学习是一种学生在小组或团队中共同合作完成任务或项目的学习方式。相比传统的竞争式学习模式，协作式学习更注重学生之间的合作与交流，能够促进学生的综合素质和团队意识的培养[21]。

（1）协作式学习可以帮助学生相互合作共同探讨问题并解决问题。在小组学习中，每个学生都有机会表达自己的观点和想法，从而引发其他成员的思考和讨论。通过这种方式，学生可以更深入地了解问题，同时也能够鼓励他们进行批判性思考和创新性思考。

（2）协作式学习可以让每个学生都有机会发挥自己的长处并吸收他人的优点。每个学生都有自己的专业领域和擅长的技能，通过小组学习，他们可以将自己的长处和别人的长处结合起来，形成一个更加完整和高效的学习团队。同时，学生也能够从其他成员身上学到新知识和技能，提高自己的学习成果。

（3）协作式学习能够培养学生的团队合作精神。在小组中，每个成员都必须承担一定的任务和责任，并且要与其他成员密切配合，共同完成任务。这样的学习方式可以让学生更好地了解团队合作的重要性，锻炼自己的沟通能力、协调能力和领导能力，从而为将来的职业发展打下坚实的基础。

（二）协作式学习模式在物理教学中的设计原则

在物理教学中，应根据学生的年级和能力水平，制定不同的协作式学习模式。

1. 小组分配

在协作式学习中，小组成员的能力水平和文化背景对学生之间的合作和交流都有着非常重要的影响。为了达到最佳效果，我们应该注重小组成员的能力均衡，同时也要考虑到不同文化背景的学生之间的交流与合作。

（1）小组成员的能力水平需要相对均衡。如果小组成员的能力水平存在较大的差异，那么就会出现一些在学习过程中的问题。例如，能力较强的学生可能会因为小组成员的能力不足而感到压抑，从而导致失去兴趣，影响学习效果；另外，能力较弱的学生可能会因为难以跟上其他小组成员的步伐而产生挫败感，从而降低自信心和学习积极性。因此，小组成员的能力水平应该相对均衡，从而确保每个学生都能够发挥自己的长处，并且在学习中得到充分的支持和鼓励。

（2）协作式学习还应该促进跨文化交流。在当前全球化的背景下，不同国家和地区的学生之间的文化差异越来越明显。对于跨文化交流的重视，不仅能够促进学生之间的交流和理解，还能够提高学生的综合素质和文化意识。因此，可以将不同文化背景的学生分配到同一小组中，让他们共同进行学习和交流。这样既有利于学生之间的文化交流，又能够激发学生的团队意识和创新精神。

2. 任务设计

在协作式学习中，任务的设计对学生的学习效果和合作意义都有着非常重要的影响。为了让协作式学习能够更好地发挥作用，在任务设计时应该注重明确、可行、挑战性以及体现合作意义等方面的要求。

（1）任务应该是明确和可行的。一个清晰明确的任务可以帮助学生更好地理解和掌握学习目标，同时也能够提高学生的学习积极性和自觉性。此外，任务的设计还应该考虑到学生的实际情况和能力水平，确保任务的完成是可行的，并且能够顺利进行。

（2）任务不仅应该具有一定的挑战性，而且还需要体现出合作意义。一个过于简单的任务可能会让学生感到无聊和缺乏挑战性；而一个过于困难的任务则会让学生感到沮丧和无助。因此，任务的设计需要适当地设置一些挑战性，以激发学生的兴趣和动力。同时，任务的完成也需要强调团队成员之间的合作和协作，让每个小组成员都能参与进来并发挥自己的长处。

（3）任务的设计还需要考虑到学生的实际需求和兴趣。不同的学生有着不同的兴趣爱好和学科偏好，在任务设计时应该注重吸引学生的注意力和兴趣，从而更好地促进他们的学习和发展。

3. 角色设定

在协作式学习中，为每个小组成员分配不同的角色可以帮助鼓励学生发挥自己的特长，更好地完成任务。通过分配角色，每个小组成员都能够承担相应的职责和任务，并且在学习过程中充分发挥自己的长处[22]。

（1）分配角色可以提高团队合作效率。每个小组成员都有自己擅长的领域和技能，因此在任务分工时应该根据各自的能力和特长进行合理的分配。例如，一个学生可能擅长组织和规划，那么他就可以担任领队的角色；另外一个学生可能对某个特定的问题有着深入的研究，那么他就可以担任研究员的角色。这样一来，每个小组成员都能够利用自己的长处，发挥出最大的效益，从而提高团队的合作效率。

（2）分配角色还可以促进学生之间的互相学习和借鉴。在小组学习中，每个小组成员都可以从其他成员身上学到新知识和技能。通过分配角色，学生之间的交流和互动将更加密切，每个小组成员都能够通过与其他成员合作来扩展自己的知识和技能。

（3）分配角色也有助于提高学生的责任感和自信心。在担任某个角色时，每个小组成员都需要承担一定的责任和任务。这样一来，他们就会更加自觉地参与到学习过程中，并且在完成任务时表现得更加自信和果断。

（三）协作式学习模式在物理教学中的实施方法

在物理教学中，可以采用多种方式来实施协作式学习，如小组讨论、案例分析、项目制作等。

1. 小组讨论法

将学生分为若干个小组，让他们共同探讨某一物理问题，并在讨论过程中互相交流和协作，是一种非常有效的学习方式。通过小组讨论，学生们可以更加深入地了解问题，发挥自己的特长和优势，同时也能够提高团队合作能力和创新精神。

（1）小组讨论可以促进学生的深度思考和批判性思维。在小组讨论中，学生们需要面对不同的观点和想法，进行辩证思考和分析。这样一来，学生们就能够更好地理解问题，并且从不同的角度出发寻找最佳的解决方案。

（2）小组讨论能够激发学生的积极性和创造力。在小组讨论中，每个学生都需要参与进来，并且发挥自己的特长和优势。通过互相交流和互相学习，学生们可以从其他成员身上获得新的灵感和启示，从而提高自己的创造力和解决问题的能力。

（3）小组讨论可以帮助学生培养团队合作精神和沟通能力。在小组讨论中，每个学生都需要与其他成员进行互动和交流，从而更好地理解问题，并且共同寻找最佳解决方案。通过小组讨论，学生们可以学会倾听和尊重他人的想法，并且更好地协同工作，提高团队合作能力和沟通能力。

（4）小组讨论可以鼓励学生进行自主学习和探究。在小组讨论中，学生们需要自己进行探索和研究，从而更深入地了解问题。这样一来，学生们就能够更好地掌握物理知识，同时也能够培养自主学习和探究的能力。

2. 案例分析法

通过引入具体的案例，根据情景模拟，让学生在小组内解决复杂的物理问题，可以有效地提高学生的思维和创新能力。通过学生的实践操作和模拟实验，学生们可以更好地理解物理知识，并且发挥自己的创造性和想象力，从而提高自己的综合素质和解决问题的能力。

具体来说，可以设计一些有趣和具有挑战性的物理问题，让学生分成小组进行探究和解决。例如，设计一个物理竞赛，要求学生们利用获得的物理知识和技能，解决一个有趣的问题，例如，如何建造最长时间运转的万花筒，如何制作一个可折叠的纸板箱等。这样一来，学生们就需要充分发挥自己的想象力和创造力，寻找最佳的解决方案，并且在小组之间进行比拼和竞争。

此外，还可以设计一些模拟实验，让学生们通过实际操作来深入理解物理原理。例如，设计一个科技创新大赛，要求学生们设计并制作一个可行的物理装置，如太阳能充电器、电磁制动器、自动式门铃等。在设计和制作过程中，学生们需要充分发挥自己的创新能力和实践操作技能，从而更好地理解物理原理，并且锻炼自己的动手能力和团队合作精神。

通过这些案例和情景模拟，学生们可以深入理解和掌握物理知识，并且发挥自己的创造力和想象力。同时，学生们也能够锻炼自己的实践操作技能和团队合作精神，提高自己的综合素质和解决问题的能力。此外，这种学习方式还可以激发学生的学习兴趣和热情，从而更加主动地参与到学习过程中。

3. 项目制作法

团队成员合作完成一个或多个实际任务或项目，可以帮助学生更好地理解物理学概念和原理，并且加深他们对于物理学知识的掌握。学生可以根据自己的学科知识来设计和制作物品，从而在实践操作中增强自己的动手能力和团队合作精神。

具体来说，可以利用一些实际任务或项目来进行学习。例如，可以组织学生们参与一个有关机器人制作的比赛。在这个比赛中，每个小组需要利用物理学原理来设计和制作一个智能机器人。在制作过程中，学生们需要运用自己的学科知识和创造力，从而更好地理解物理学概念和原理。同时，学生们还需要在小组内进行密切协作和沟通，提高自己的团队合作精神和沟通能力。

另外，还可以让学生们参与一个能源储存系统的设计和制作。在这个项目中，每个小组需要研究不同种类的能源储存方式，如太阳能电池、风力发电机等。在设计和制作过程中，学生们需要进行实验研究，分析不同能源储存方式的优劣，并且提出自己的创新性想法和解决方案。通过这个项目，学生们可以深入理解物理学概念和原理，并且加深自己对于能源科学的认知。

通过这些实际任务或项目，学生们可以更好地了解和掌握物理学概念和原理，并且发挥自己的创造力和想象力。同时，学生们还能够锻炼自己的实践操作技能和团队合作精神，提高自己的综合素质和解决问题的能力。此外，这种学习方式还可以激发学生的学习兴趣和热情，从而更加主动地参与到学习过程中。

（四）协作式学习模式对学生学习的影响

协作式学习模式是一种以学生为主体，注重学生之间交流和合作的学习模式。它可以帮助学生在互动中发现问题、解决问题，增强学生对知识的理解和掌握能力[23]。在物理教学中引入协作式学习模式，可以提高学生的学习效果和参与度，增强学生的交流能力和团队意识。

（1）协作式学习模式可以提高学生的学习效果。在传统教学模式下，学生很容易出现被动接受知识的情况，而在协作式学习模式下，学生需要积极主动地参与到讨论和合作中，从而更深入地理解和掌握知识。此外，学生们还能够通过互相交流和协作，发现和纠正自己的错误，并且提高自己的反思和批判性思维能力。

（2）协作式学习模式可以增强学生的参与度。在协作式学习模式下，学生们需要积极主动地参与到小组中，与其他成员进行交流和讨论。通过这种方式，每个学生都有机会表达自己的看法和想法，从而激发学生的兴趣和热情，提高学生的参与度。

（3）协作式学习模式可以增强学生的交流能力。在小组讨论中，每个学生都需要与其他成员进行互动和交流，从而更好地理解问题，并且共同寻找最佳解决方案。通过小组讨论，学生们可以学会倾听和尊重他人的想法，并且更好地协同工作，提高团队合作能力和沟通能力。

（4）协作式学习模式可以增强学生的团队意识。在小组讨论中，学生们需要积极合作，共同解决问题。通过这种方式，学生们可以体验到团队合作所带来的成就感和快乐感，从而培养自己的团队意识和合作精神。此外，学生们还能够从其他成员身上获得新的灵感和启示，从而提高自己的创造力和解决问题的能力。

二、角色扮演式学习模式

角色扮演式学习模式是一种基于社交性学习的教学方法，它可以帮助学生更好地理解和掌握物理学知识，并且提高他们的创造力和想象力。在角色扮演式学习模式下，学生们需要扮演不同的角色，通过模拟实际情景来进行学习和讨论[24]。

（一）角色扮演式学习模式的设计原则

1. 设计适合学生年龄和兴趣的角色

在角色扮演式学习模式中，学生需要扮演不同的角色来模拟实际情景，从而进行学习和讨论。为了确保这种教学方法的有效性，需要考虑学生的年龄、性别、文化背景等因素，从而设计出适合学生兴趣和能力的角色。

学生的年龄是影响角色扮演式学习模式设计的重要因素之一。不同年龄段的学生具有不同的认知特点和学习需求，因此需要根据年龄段的差异来设计相应的角色扮演活动。例如，对于小学生来说，可以设计一些简单易懂的角色，让他们通过操作物品或者参与游戏来获得知识；而对于中学生来说，则可以设计更复杂的角色模拟实验室、研究机构等科技环境，以启发他们的创造力和想象力。

学生的性别也是设计角色扮演式学习模式时需要考虑的因素之一。在设计角色时，需要避免对学生的性别进行歧视或者偏见，让每个学生都有机会扮演不同的角色，发挥自己的特长和优势。

学生的文化背景也是设计角色扮演式学习模式时需要考虑的因素之一。在全球化的今天，学生来自不同的文化背景，具有不同的信仰、价值观等。因此，在设计角色时，需要尊重学生的文化背景，并且避免设计过于局限于某一种文化背景的角色。在设计跨文化角色扮演活动时，可以设计多元文化角色或者让学生自行选择所要扮演的角色，以促进学生之间的交流和理解。

2. 设计具有挑战性的任务

在角色扮演式学习模式中，为了激发学生的兴趣和主动性，需要设计具有挑战性的任务。这些任务可以是模拟科学实验、解决复杂问题等，旨在让学生通过角色扮演和情景模拟来尝试解决真实的问题和挑战。

模拟科学实验是一种常见的角色扮演式学习模式任务。通过设计模拟实验的环节，可以让学生身临其境地感受到实验的过程和思考方式，从而帮助他们更好地掌握物理学知识。例如，在学习光的折射规律时，可以设计一个模拟实验情境，让学生扮演科学家，进行折射实验的模拟探究。在模拟实验中，学生需要考虑实验的各个因素，以及如何操纵实验参数来得到最佳的实验结果。

解决复杂问题也是一种常见的角色扮演式学习模式任务。通过设计一个具有挑战性的问题，可以让学生通过角色扮演和情景模拟来解决问题，提高他们的创造力和想象力。例如，在学习运动学时，可以设计一个问题："如何让一辆汽车在最短的时间内通过一条弯曲的山路?"学生需要扮演工程师或者设计师的角色,从而设计出最佳的方案来解决这个问题。在解决问题的过程中,学生需要考虑各种物理量如速度、加速度、摩擦力等对于汽车行驶的影响,尝试提出可行性方案。

此外,设计具有挑战性的任务还需要考虑以下几点。

(1)任务难度要适宜。根据学生的年龄和能力水平,需要适当调整任务的难度,以确保学生能够完成任务并且获得满意的成果。

(2)任务需要具有实际意义。设计的任务需要有一定的现实意义,让学生感受到物理学知识的应用价值,从而提高他们的学习动机。

(3)提供必要的支持和指导。在任务完成的过程中,教师需要提供必要的支持和指导,如给予相关的背景知识、解答问题等,以便学生更好地完成任务。

3. 确定明确的学习目标和评价标准

在角色扮演式学习模式中,确定明确的学习目标和评价标准是非常重要的。这可以让学生清楚地知道自己的学习成果,并且提高他们的学习动机。

明确的学习目标可以让学生更好地理解任务的重点和目的。通过确定学习目标,可以帮助学生了解什么是需要学习的内容和技能,以及如何在角色扮演的情境下应用所学到的知识。在设计学习目标时,需要考虑学生的年龄、学科特点等因素,以便使学习目标具有可行性和适应性。例如,在学习力学的角色扮演活动中,可以为学生设定以下学习目标:"了解牛顿第一定律的基本概念,并能够运用其原理解决实际问题"。"理解速度、加速度等基本物理量,能够对物体的运动状态进行描述"。

明确的评价标准可以让学生更加明确自己的学习成果。通过明确的评价标准,可以让学生获得及时的反馈和指导,并且发现自己在学习过程中需要改进的地方。在设计评价标准时,需要考虑学生的表现、能力和年龄等因素,以便使评价具有公正性和可行性。例如,在学习光学的角色扮演活动中,可以为学生设定以下评价标准:"能够正确描述光线传播的规律并应用到实际问题中""能够使用光学仪器进行实验,并记录实验数据"。

同时,还需要注意以下几点。

(1)学习目标和评价标准要与任务相匹配。学习目标和评价标准需要与所设计的任务相匹配,以确保学习成果符合预期。

(2)关注学生的全面发展。在确定学习目标和评价标准时,需要关注学生的全面发展,包括知识、能力和素质等方面。

(3)给予及时、具体的反馈。在评价学习成果时,需要给予学生及时、具体的反馈,以便他们了解自己的优劣势和提高空间。

4. 提供必要的支持和指导

在角色扮演式学习模式中，教师需要为学生提供必要的支持和指导，以便学生更好地完成任务、掌握知识和发挥创造力。

教师可以提供相关的背景知识和信息。通过提供必要的背景知识和信息，教师可以帮助学生更好地理解任务的目的和情景。例如，在进行一次角色扮演实验时，教师可以向学生介绍实验涉及的物理量、实验步骤和注意事项等，以帮助他们更好地准备实验并了解实验原理。

教师可以解答学生的问题和疑惑。在学生进行角色扮演活动时，可能会出现一些问题和疑惑，这时候教师需要及时解答。通过解答学生的问题和疑惑，教师可以帮助学生更好地理解知识点和任务要求，从而提高学生的学习效果。例如，在学生进行一次角色扮演实验时，教师可以逐一解答学生的问题，以确保他们在实验过程中不会出现关键性错误。

同时，还需要注意以下几点。

（1）不应该给予过度的支持和指导。教师需要尽可能地让学生自主完成任务和解决问题，避免给予过度的支持和指导，以便培养他们的独立思考和自主学习能力。

（2）应该鼓励学生提出问题和疑惑。教师需要鼓励学生积极提出问题和疑惑，以便及时进行解答和指导。

（3）需要根据学生的差异性提供差异化的支持和指导。对于不同的学生，需要根据其差异性进行差异化的支持和指导，以确保每个学生都能够获得必要的支持和指导。

（二）角色扮演式学习模式的实施方法

1. 确定角色和情景

在角色扮演式学习模式中，确定学生需要扮演的角色和具体情景是非常重要的。只有通过这种方式，可以让学生更好地融入学习情景中，并且激发他们的学习兴趣和动机。

确定学生需要扮演的角色。在角色扮演式学习模式中，学生扮演的角色可以是科学家、工程师、设计师等，以便让学生更好地了解相关领域的知识和技能。在确定学生需要扮演的角色时，需要考虑学生的年龄、性别、个性等因素，以确保角色的选择符合学生的需求和兴趣。

确定具体情景。在角色扮演式学习模式中，情景的设置非常重要。可以通过情景来激发学生的兴趣和想象力，从而提高他们的学习动机和参与度。在确定具体情景时，需要考虑学生的年龄、知识水平和兴趣等因素，以确保情景的设置符合学生的需求和实际情况。

2. 提供必要的材料和信息

在角色扮演式学习模式中，学生需要获得必要的材料和信息来支持他们的角色扮演。这些材料和信息可以帮助学生更好地理解相关知识和技能，从而提高他们的学习效果。

为学生提供相关的科学文献。通过提供相关的科学文献，可以帮助学生了解当前领域的研究进展和理论基础。教师可以引导学生阅读相关文献，并提出问题和讨论，以便学生更深入地了解相关领域的知识和技能。

为学生提供实验数据和案例分析。通过提供实验数据和案例分析，可以帮助学生更好地了解相关知识和技能的应用，以及实践中可能遇到的挑战和困难。教师可以引导学生分析实验数据和案例，以便他们更深入地了解相关知识和技能的应用和限制。例如，在进行一次关于光学的角色扮演活动时，教师可以为学生提供实验数据和案例，如利用菲涅尔透镜集中太阳能等，以帮助学生更好地了解光学原理在实践中的应用。

3. 进行角色扮演活动

在角色扮演式学习模式中，学生按照自己扮演的角色进行讨论和交流，并且尝试解决问题。这种交流方式可以鼓励学生积极参与，充分发挥自己的创造力和想象力，从而更好地理解和掌握物理学知识。

学生需要根据自己扮演的角色，积极表达相关的观点和见解。在进行角色扮演过程中，每个学生都扮演着不同的角色，具有不同的身份、背景和思维方式。因此，每个学生对于同一问题可能会有不同的看法和想法。教师应该引导学生在讨论和交流中积极表达自己的观点和见解，以便他们更好地了解不同角色之间的差异性和相互作用关系。

学生需要根据自己扮演的角色，提出问题和疑惑。在进行角色扮演过程中，学生可能会遇到一些问题和疑惑，如怎样更好地贯彻自己扮演的角色、如何解决相关问题等。教师应该鼓励学生根据自己扮演的角色，提出问题和疑惑，并进行深入探究和讨论。例如，在进行一次关于人工智能的角色扮演活动时，学生可以就自己扮演的"机器人设计师"角色提出问题和疑惑，如机器人如何更好地模仿人类思维等，以便进一步了解相关知识和技能。

4. 教师提供反馈和评价

在角色扮演式学习模式中，教师需要给予学生及时的反馈和评价，从而帮助学生更好地掌握知识和提高能力。

及时的反馈可以帮助学生更好地了解自己的表现。在角色扮演的过程中，学生需要扮演一个特定的角色，并根据这个角色的性格和经历来展示自己的表现。在这个过程中，教师需要及时观察学生的表现，给予他们正确的反馈和指导。通过这种方式，学生可以更好地了解自己的表现情况，发现自己的不足之处，并及时进行改进和调整。

及时的评价可以帮助学生提高自我认知。在角色扮演的过程中，学生需要尽可能地还原这个角色的性格和生活经历。通过评价学生的表现，教师可以帮助学生更好地了解自己和他人的不同之处，增强他们的自我认知和人际交往能力。

及时的反馈和评价可以促进学生的持续进步。在角色扮演的过程中，学生需要不断地进行尝试和实践，通过反馈和评价，他们可以不断地改进自己的表现，提高自己的能力。这种持续进步的过程可以让学生更加自信、成熟和独立，为未来的学习和职业发展打下坚实的基础。

（三）角色扮演式学习模式的优点

1. 提高学生的想象力和创造力

角色扮演式学习模式是一种通过角色扮演的形式来学习新知识的方法，可以激发学生的想象力和创造力，让他们发挥自己的潜能。

角色扮演可以激发学生的想象力。在角色扮演的过程中，学生需要扮演一个特定的角色，并且根据这个角色的背景和特点进行表演和交流。这个过程需要学生运用自己的想象力，去想象这个角色的思维方式、行为方式等方面的表现。通过这种方式，学生可以激发自己的想象力，进而提高他们的创造力和创新能力。

2. 促进学生之间的交流和合作

角色扮演是一种通过模拟不同角色生活经历的学习方法，可以帮助学生在低压力的环境中进行探究和实践，从而更好地了解和掌握相关知识。在角色扮演过程中，学生需要积极表达自己的看法和想法，并且与其他成员进行交流和协作，从而增强学生的团队合作精神。

角色扮演可以让学生放下顾虑，积极表达自己的想法和看法。在角色扮演过程中，学生需要扮演某一特定角色，并根据这个角色的性格和生活经历进行表演和交流。在这个过程中，学生不再只是自己，而是要扮演一个完全不同的角色，这种感受可以缓解学生的压力，使他们更加自由地表达自己的想法和看法。

角色扮演可以促进学生之间的交流和合作。在扮演角色的过程中，学生需要与其他成员进行互动和交流，从而展现出这个角色所具备的特点和性格。通过这种交流和互动，学生可以增强彼此之间的理解和信任，提高他们的团队协作和沟通能力。

角色扮演可以帮助学生更好地了解自己和他人的不同之处。在扮演某一角色时，学生需要尽可能地还原这个角色的性格和生活经历。通过这种表演和交流的过程，学生可以更加深入地了解自己和他人的思想、感受和行为方式，从而增强他们的自我认知和人际交往能力。

3. 增强学生对于物理学知识的理解和掌握能力

通过模拟实际情景，学生可以更好地理解和掌握物理学知识，从而提高他们的学习效果。物理学是一门以实验为基础的学科，因此在物理教学中，模拟实际情景是非常重要的一个环节。

通过模拟实际情景，学生可以更加深入地了解物理现象。例如，在学习力学内容时，通过搭建简单的机械装置或者进行各种力的演示实验，学生可以更加清晰地理解物体受力、加速度、运动状态等知识点。这种实践性的学习方式可以让学生更加深入地了解物理学知识和原理，并且帮助他们更好地理解物理学理论和公式的应用场景。

模拟实际情景可以增强学生的实践能力和创新能力。在模拟实际情境的过程中，学生需要运用自己所学的物理知识来解决问题和完成任务。这种尝试和实践的过程可以培养学生的实践能力和创新能力，提高他们的解决问题的能力和逻辑思考能力。

4. 丰富教学内容和形式

角色扮演式学习模式是一种基于角色扮演的教学方法，可以为物理教学带来新的内容和形式。通过扮演不同的角色，学生可以从不同的角度来认识和理解物理学知识，进而提高他们的学习效果和成长能力。

角色扮演可以让学生身临其境地体验物理现象。例如，在扮演一个科学家的角色时，学生需要探究、研究某一物理现象，并通过实验和观察来深入理解这一现象的本质和原理。通过这种方式，学生可以更好地了解物理学知识的实际应用和意义，从而提高他们的学习兴趣和主动性。

角色扮演可以帮助学生发现和培养自己的物理学思维能力。在扮演某一角色时，学生需要运用自己的物理学知识和智力，分析和解决与这一角色相关的问题和挑战。通过这种锻炼，学生可以增强自己的物理学思维能力和创新能力，提高他们的解决问题的能力和逻辑思考能力。

5. 提高学生的自信心和表达能力

在角色扮演过程中，学生需要扮演某一个具有特定身份或角色的人物，并通过表达自己的看法和想法，来展现这个人物所具备的特征和性格。这种角色扮演过程不仅可以帮助学生更好地理解所学知识和技能，还可以提高他们的表达能力和自信心。

角色扮演可以让学生自由表达自己的想法和观点。在扮演某一角色时，学生需要根据这个角色的身份和性格特征进行思考和表达。通过这种方式，可以让学生更加积极地参与到学习和思考中来，从而提高他们的表达能力和自信心。

（四）角色扮演式学习模式的注意事项

1. 确保任务具有足够的挑战性

在学习过程中，任务的设计对于激发学生的兴趣和主动性至关重要。一个具有足够难度和挑战性的任务，可以引起学生的好奇心和求知欲，让他们更加积极地参与到学习中来。

任务的难度和挑战性需要与学生的学习能力和实际水平相匹配。如果任务过于简单，学生可能会感到无聊和不受重视，从而失去学习的兴趣和主动性；但如果任务过于困难，学生可能会感到无从下手和灰心丧气，从而产生挫败感和学习焦虑[25]。因此，任务的难度和挑战性应该根据学生的学习能力和实际水平进行适度调整，既能激发学生的学习兴趣，又能够提高他们的学习效果。

设计具有实践性和应用性的任务，让学生能够将所学知识应用到实际生活中去。这样不仅可以增强任务的意义和价值，也可以让学生更加深入地理解所学知识和技能的应用场景，从而提高他们的学习兴趣和主动性。

2. 按照学生的年龄和文化背景进行设计

在设计角色扮演式学习模式时，需要考虑学生的年龄和文化背景，以便确保任务的可行性和适应性。不同年龄段和文化背景的学生对任务的认知和理解有所不同，如果任务设计过于简单或过于复杂，会影响到学生的参与度和学习效果。

对于年龄较小的学生，任务设计需要基于他们的学习水平和认知能力，具有足够的互动性和趣味性，以便激发他们的兴趣和好奇心。同时，还需要注意任务的安全性和易操作性，避免学生因为任务过于复杂而出现危险情况。

对于年龄较大的学生，任务设计需要更加注重实践性和应用性，以便让他们将所学知识应用到实际生活中，并从中获得成长和收获。同时，还需要考虑任务的难度和挑战性，以便让学生能够感受到自我超越的成就感和满足感。

在考虑学生的文化背景时，任务设计需要避免涉及敏感话题和文化差异引起的误解和冲突，尽量做到尊重和包容不同的文化观念，并为学生提供更广泛的文化视野和思考空间。

3. 提供必要的支持和指导

在角色扮演过程中，教师的支持和指导对学生发挥出色至关重要。角色扮演是一种互动式的学习方式，通过扮演不同的角色，学生可以深入了解特定情境下相关人物的思想、行为和态度，并在实践中提高解决问题的能力。

学生可能会遇到各种问题，如缺乏背景知识、疑惑场景设定、无法理解角色行为等。在这种情况下，教师应该及时提供必要的支持和指导，以保证学生能够充分参与角色扮演，获得更好的学习效果。

教师可以向学生提供相关的背景知识和资料，以便学生更好地了解所扮演的角色和情境。此外，教师还可以回答学生的问题，解决学生的困惑，确保学生明确任务目标、角色信息和规则设置。

教师也需要注意引导学生，鼓励学生自主探究、思考和创新。建议教师所提供的支持和指导应尽可能灵活和个性化，根据每个学生的实际需求和水平进行调整，以提高学生的参与度和学习成果。

4. 确定明确的目标和评价标准

在设计角色扮演式学习模式时，明确学习目标和评价标准是至关重要的。学习目标指的是学生需要达到的特定知识、技能或态度方面的预期成果。评价标准则是衡量学生是否达到了这些目标的具体指标。

明确学习目标可以帮助学生更好地理解任务要求和行动方向，有利于让学生专注于实际问题解决而不是单纯表现。教师应该明确阐述每个学习目标的含义和重要性，将其与实际情境和角色扮演结合起来，以便学生更好地理解和掌握。

设计评价标准可以帮助学生知道自己的学习成果并且提高他们的学习动机。评价标准可以包括多种形式，无论采用何种形式，评价标准都应该明确、具体、可操作，并且能够反映出学习目标的各个方面。同时，评价标准也应该鼓励学生积极参与、创新思考和质疑。

学习目标和评价标准的设计应该与实际情境和教学目标相一致，并且考虑到不同学生的特点和需求。建议在设计过程中，教师可以与学生合作、互动，在理解学生的背景、兴趣、能力和价值观等方面时，更加具有针对性地选择任务和评价标准，以便达到更好的教学效果。

5. 给予及时的反馈和评价

在角色扮演式学习模式中，教师需要给予学生及时的反馈和评价，以便学生更好地掌握知识和提高能力。及时的反馈和评价可以帮助学生确定自己的优点和不足之处，及时调整行为和思考方式，并且增强学生的学习动机和信心[26]。

教师应该及时关注学生的表现和进展情况，并在适当的时候给予针对性的反馈和评价。这些反馈和评价可以包括口头和书面两种形式。口头反馈可以在角色扮演过程中实时进行，指出学生的优点和不足之处，并帮助学生改进和完善；书面评价可以记录学生在任务执行中所展示的能力和表现，用于后续总结和反思。

教师应该注意反馈和评价的准确性和客观性。反馈和评价应该基于事实，具有可操作性和可测量性，不应受到主观偏见的影响。同时，在反馈和评价过程中，教师也应该尊重学生的感受，鼓励学生积极参与，开放思维，接受挑战。

教师还应该为学生提供改进的建议和方法。除了指出学生的不足之处，教师还应该积极探讨如何改进和进步，提供可行性的建议和方案，鼓励学生勇于尝试和创新。这样可以帮助学生从失败中汲取经验和智慧，增强自我成长和发展的动力。

第四章
技术视角下的物理教学方法研究

本章主要探讨技术视角下的物理教学方法研究。随着数字化和信息化的快速发展，数字化物理教育资源和在线物理教学平台成为重要的物理教学工具。同时，信息技术如多媒体教学法和虚拟实验教学法也在物理教学中得到广泛应用。本章还将介绍工程设计思维的基本概念及其在物理教学中的应用。通过结合多种技术手段和教学方法，旨在提高物理教学质量和效果，培养学生的创新精神和实践能力，推动物理教学向现代化、多元化方向发展。

第一节　技术视角下的物理教学工具和平台

一、数字化物理教育资源

数字化物理教育资源是指将传统物理学习资源数字化，以便更好地支持学生的学习和教师的教学。这些资源可以包括数字化课程、数字化实验、数字化教辅材料、数字化测评系统和数字化交互式白板等方面。数字化物理教育资源的使用可以为教师提供更加灵活和多样化的教学手段，同时也为学生提供了更加便捷和高效的学习渠道。

（一）数字化课程

数字化课程是一种包含多种教学资源的在线学习材料。这些教学资源可以包括文本、图像、视频、动画、模拟等，以便学生更加全面地掌握课程内容。这些资源都可以在任何时间和任何地点进行学习，使得学生可以自由选择适合自己的学习时间和地点，更加灵活地安排自己的学习计划。

1. 数字化课程可以根据学生的兴趣和需求定制

数字化课程不仅提供基础性的教学内容，还可以根据学生的个性化需求提供更深入、更专业的知识点。例如，对于有编程兴趣的学生，数字化课程可以提供更高级的编程知识，以满足他们的学习需求。数字化课程为学生提供了更丰富、更灵活的学习体验，让他们更容易掌握和应用所学内容。

2. 数字化课程具有即时反馈的特点

学生可以根据学习情况获得即时反馈，帮助他们更好地理解和掌握所学内容，尽早发现自己的错误。通过互联网技术，学生可以与教师或其他学生进行交流和讨论，从而更好地理解并掌握所学内容。数字化课程可以提供多种形式的反馈，如测试、作业、在线讨论等，帮助学生更深入地思考和理解课程内容。

3. 数字化课程为教师提供了更多的教学工具和资源

通过数字化课程，教师可以轻松地创建教学内容、管理课程和评估学生表现。教师可以根据学生的表现和需求对课程进行调整和改进，以适应不同的学习需求和风格。数字化课程的出现大大提高了教学效率，使得教师可以更加关注学生的学习过程，并更好地激发他们的学习兴趣。

（二）数字化实验

数字化实验是将传统实验教学资源进行数字化处理的一种方式。它可以使用计算机软件或硬件进行虚拟实验，使学生能够在不受时间和空间限制的情况下进行实验操作。相比传统实验，数字化实验具有很多优点。

1. 数字化实验可以让学生随时随地进行实验操作，而不限于特定的时间和地点

通过在线学习，学生可以根据自己的时间安排和个人需求更加自主和灵活地规划自己的学习进度和节奏。这种自主性可以帮助学生有效地掌控学习过程，并且避免了传统教育中由于固定的课堂时间表而造成的压力和不适应感。此外，在线学习还提供了多种学习方式和资源，如视频教程、互动讨论、课外阅读等，有助于学生深入理解和掌握知识。通过这些方法，学生能够更加高效地学习，提高学习效率。总之，在线学习为学生提供了更加灵活、自主的学习方式，使得学习过程更加高效，对各类人群都具有很好的适应性。

2. 数字化实验提供了更加安全和便捷的实验环境

传统实验由于实验设备和条件的限制，存在很大的安全风险，而数字化实验则可以减少这些风险，同时还提供更加方便的实验环境。数字化实验通常使用虚拟设备和模拟技术，使学生能够在模拟、安全的环境中进行实验操作，并实时观察和分析实验结果。这种数字化实验不仅可以降低实验过程中的安全风险，还可以提高实验的可重复性和可靠性。此外，数字化实验可以为学生提供更加专注的实验环境，让学生更加容易理解物理原理。

3. 数字化实验可以提高学生对物理概念的理解和掌握程度

数字化实验通过展现物理现象和过程，使学生能够更加深入地理解物理原理，同时还提供更加直观和可视化的数据。这种可视化的数据包括实验结果、实验过程和数据分析等，可以帮助学生更好地进行实验结果的判断和数据分析。此外，数字化实验通常采用虚拟设备和模拟技术，为学生提供了模拟、安全的实验环境，并且具有较高的可重复性和可靠性。数字化实验还可以根据学生的需求和兴趣，提供不同难度和类型的实验，以满足不同层次和背景的学生需求。

4. 数字化实验具有很高的灵活性和可扩展性

数字化实验可以根据学生的年级、背景和兴趣等因素，提供不同难度和类型的实验，以满足不同层次学生的需求，在教学上具有很高的灵活性。同时，数字化实验还为教师提供了更多的教学工具和资源，使他们能够更好地设计课程和教学内容，提高教学效果。此外，数字化实验还可以收集和分析学生的实验数据，帮助教师更加精准地评估学生的实验技能和物理知识水平，并对教学进行改进和优化。

（三）数字化教辅材料

数字化教辅材料是一种用于辅助教师讲授物理知识的工具，包括教案、PPT、视频和其他多种形式的教学资源。数字化教辅材料可以帮助教师更好地组织和呈现课程内容，同时也为学生提供了更加直观和易懂的学习材料。

1. 数字化教辅材料可以帮助教师更好地组织课程内容

通过使用数字化教辅材料，教师可以更加清晰地规划课堂讲解的内容和流程，使得学生更容易理解和掌握所学的物理知识。数字化教辅材料可以根据不同的学科和年级提供相应的教学资源，如教案、PPT 等。这些资源可以帮助教师更好地组织和安排课堂教学，提高教学效率和质量。

2. 数字化教辅材料可以为学生提供更加直观和易懂的学习材料

传统的教学方式主要依赖教师在课堂上进行口头讲解，学生需要全神贯注地听讲，并进行笔记记录。而数字化教辅材料则可以通过多种形式的教学资源，如图像、视频等，提供更加直观和生动的学习体验。这些教学资源可以帮助学生更好地理解物理知识，从而提高学生的学习兴趣和积极性。

3. 数字化教辅材料还可以为教师提供更多的教学工具和资源

通过数字化教辅材料，教师可以方便地创建教案、PPT 等教学资源，并将其数字化，以便更好地分享和交流。教师可以根据不同的教学目标和需求，选择适合自己的教学资源，提高教学效果和质量。

（四）数字化测评系统

数字化测评系统是一种基于计算机技术的在线考试和测验系统。可以为学生提供即时测试结果和反馈，帮助教师更好地评估学生对物理知识的掌握程度，并及时调整教学方法。

1. 数字化测评系统可以为学生提供更加便捷的测试方式

相比传统的纸笔测试，数字化测评系统不仅可以在任何时间和地点进行测试，还可以根据不同的学科和年级提供适合的测试内容和形式。这使得学生可以更加自由和方便地进行测试，同时也能够更好地适应各种考试形式和环境。

2. 数字化测评系统可以为教师提供更多的测试工具和资源

通过数字化测评系统，教师可以方便地创建、管理和评估测试，同时还可以根据不同的测试结果进行分析和反馈。数字化测评系统可以提供多种形式的测试题目，如单项选择、填空、简答等，以满足不同的教学需求和目标。

3. 数字化测评系统可以为学生和教师提供即时的反馈

通过数字化测评系统，学生可以在测试结束后立即获得测试结果和反馈信息。这可以帮助学生及时发现自己的弱点和不足，并加以改进和提高。同时，教师也可以根据测试结果和反馈信息及时调整和改进教学方法，提高教学效果和质量。

（五）数字化交互式白板

数字化交互式白板是一种集电子白板、投影仪、计算机等多种功能于一体的智能教学工具，可用于展示物理实验、绘制图像、演示动画等多种教学内容。通过数字化交互式白板，教师和学生可以进行实时互动和讨论，从而加强教学效果。

1. 数字化交互式白板可以为教师提供更加便捷的教学方式

通过数字化交互式白板，教师可以方便地展示和演示不同的教学内容，同时也可以灵活地调整和修改教学材料。数字化交互式白板还可以连接网络，从而获得更多的教学资源和信息，帮助教师更好地准备和规划课堂教学。

2. 数字化交互式白板可以为学生提供更加直观和生动的教学体验

通过数字化交互式白板，学生可以观看到更加清晰和直观的物理图像和实验过程，更容易理解和掌握所学的物理知识。数字化交互式白板还可以支持多种交互方式，如手写、触摸屏幕、语音输入等，使得学生可以更加灵活和自由地参与到教学过程中。

3. 数字化交互式白板可以提高教学效果和质量

通过数字化交互式白板，教师和学生可以进行实时互动和讨论，使得教学过程更加生动和互动。教师还可以根据学生的反馈和表现及时调整和改进教学方法，提高教学效果和质量。

二、在线物理教学平台

在线物理教学平台是一种基于互联网技术的教育平台，它专门为物理学习和教学提供数字资源和工具。这些资源包括视频、音频、图像、文本等形式的教材和教学资料，以及模拟实验和计算工具等交互性工具[4]。在线物理教学平台可以帮助教师和学生在网络环境下进行教学与学习，不受时间和地点的限制。教师可以通过平台上传课件，组织在线讨论和测试，跟踪学生表现等；学生则可以自主学习、在线交流、参加考试等。在线物理教学平台的出现，使得物理教学更加便捷、高效、灵活，并且可以满足不同学生群体对于物理学习的个性化需求。在线物理教学平台通常包括以下方面。

（一）数字化课程资源

在线物理教学平台是一种基于互联网技术的教育平台，它提供了丰富的数字化课程资源，为学生和教师提供便捷、高效、多样化的学习和教学方式。这些数字化课程资源包括文本、图像、视频、动画、模拟等多种形式。学生可以通过在线物理教学平台随时随地访问这些资源，方便进行自主学习。与传统课堂教学相比，数字化课程资源具有以下几个优点。

1. 数字化课程资源不再受制于时间和地点

数字化学习资源可以让学生在任何时间、任何地点都能够接触到学习资料和教育资源，免去了传统课堂的时间和空间限制。这种灵活性对于需要自己安排学习时间和地点的学生来说非常有利。数字化学习资源通常以在线视频、虚拟实验、网络讨论、电子书等形式呈现，学生可以根据自己的需求和兴趣选择学习内容，并在需要的时候进行学习。这种灵活性使得学生能够更好地自主规划学习进程和节奏，提高学习效率。同时，数字化学习还为学生提供了多样化的学习方式和学习资源，使得学习过程更加丰富、有趣和具有互动性。

2. 数字化课程资源具有丰富性和多样性

数字化学习资源可以根据学生的兴趣和需求，提供不同类型和形式的学习资源，让学生能够根据自己的学习风格和兴趣进行个性化的学习。这些数字化学习资源的形式也非常多样化，包括文本、图像、视频、动画、模拟等各种形式，能够满足不同学生群体的学习需求。例如，对于视觉学习者来说，视频和图像是比较适合的学习方式；对于实践性强的学科如物理学，虚拟实验和模拟实验可以更好地激发学生的学习兴趣和热情。此外，数字化学习还可以为学生提供更加丰富、有趣的学习资源，使得学习过程更具互动性和趣味性，提高学生的学习积极性和成绩表现。

3. 数字化课程资源具有便捷性

数字化学习资源可以让学生随时随地访问到学习资料和教育资源，无须再次购买或者借阅教材、参考书等资料，从而使得学习更为方便。这种便捷性能够大大降低学习成本，减轻学生和家庭的经济负担，同时也为学习提供了更多的机会和可能性。数字化学习资源通常以在线视频、虚拟实验、网络讨论、电子书等形式呈现，学生只需要使用电脑、手机、平板等终端设备就能够访问到这些资源。此外，数字化学习资源还具有多样性和灵活性，学生可以根据自己的兴趣和需求进行个性化的学习，提高学习效率和成果。

4. 针对教师而言，数字化课程资源也具有很多优点

（1）数字化资源可以为教师提供更加全面和详细的教学内容。不同于传统纸质教材的排版限制，数字化资源可以为教师提供更丰富、更多样的教学内容，包括文字、图片、视频、动画等形式。

（2）数字化课程资源可以为教师提供更加灵活的教学方式。教师可以通过在线物理教学平台上传自己的教学资源，并根据需要进行更新和修改。同时，在线物理教学平台还具有在线交流和协作功能，教师可以随时与学生进行沟通和互动，加深学生对课程内容的理解和认知。

（3）数字化课程资源可以为教师提供更加便捷的管理方式。教师可以通过在线物理教学平台对学生的学习情况进行监控和评估，如在线作业、考试、成绩管理等功能，使得教师能够更好地了解学生的学习情况，为教学提供更好的支持。

（二）在线教学管理功能

在线物理教学平台是一种基于互联网技术，为学生提供课程学习、交流和作业提交的学习平台，其重要性在于能够增强学习者的自主性和互动性，同时也方便了教师对学生的学习情况进行监控与评估[27]。在线物理教学平台所提供的教学管理功能包括在线作业、考试、成绩管理等。

（1）在线作业功能。在线物理教学平台提供了一个专门的作业板块，让教师可以根据自己的教学计划设计相应的作业任务，并将任务发布到平台上，供学生完成。通过在线提交作业，教师能够及时获取学生的作业信息，检查其完成情况并给出评价。此外，还可以设置截止时间和作业得分权重，便于教师对学生的学习情况进行细致的跟踪和管理。

（2）在线考试功能。在线物理教学平台也提供了一套完整的考试管理系统，包括试题库、试卷生成和批阅等功能。教师可以根据自己的教学需要，在平台上设计试卷，并设定答题时间、考试规则、得分方式等参数，便于学生在线参与考试，并即时反馈考试结果。同时，系统也支持自动阅卷和答案解析，让教师能够快速统计学生的考试成绩，并对其进行评价。

（3）成绩管理功能。在线物理教学平台还提供了一个专门的成绩管理板块，让教师可以根据学生的作业、考试成绩和平时表现等因素，进行个性化评估和排名。通过成绩管理功能，教师能够全面掌握学生的学习情况，以便及时发现问题并采取相应的教学措施。同时，该功能还支持数据分析和统计，为教师提供更加精准的评估和预测。

（三）在线交流与协作功能

在线物理教学平台作为一种基于互联网技术的教育平台，不仅提供了丰富的数字化课程资源和教学管理功能，还具有在线交流与协作功能，如论坛、聊天室、在线研讨等。这些功能有助于促进学生之间和教师之间的互动和合作，同时也能够提高学习效果和教学效率。

（1）论坛功能。在线物理教学平台的论坛板块类似于一个虚拟的讨论区域，学生和教师可以在此开展交流和讨论，分享彼此的观点和经验。通过论坛，学生能够更好地理解和消化学习内容，提高自己的学习能力和思维能力。对于教师而言，论坛功能也有利于收集学生的反馈和意见，及时调整教学方法，提高教学质量。

（2）聊天室功能。在线物理教学平台的聊天室板块则是一个实时互动的文本聊天工具，学生和教师可以随时进行在线沟通，快速解决学习中遇到的问题。聊天室的即时性特点具有时间和空间的优势，可以提供实时、高效的学习支持和教学咨询。同时，通过聊天室还可以增强学生之间的沟通和交流，促进彼此之间的合作和共同进步。

（3）在线研讨功能。在线物理教学平台的在线研讨板块为学生和教师提供了一个专门的讨论区域，以便进行更加深入和系统的研究和探讨。在这里，学生和教师可以自由地表达自己的观点和想法，分享自己的研究成果和心得体会。在线研讨不仅有利于拓展学生的知识面和思维深度，还能够激发学生的创新意识和独立思考能力。

（四）虚拟实验平台

虚拟实验平台是在线物理教学平台提供的一项重要功能，其主要目的是为学生提供一个模拟实验环境，让学生在虚拟的情景下进行物理实验，了解实验原理和操作方法，加深对物理学概念的理解[28]。下面详细介绍虚拟实验平台所具备的特点和优势。

（1）实验内容丰富。虚拟实验平台上所提供的实验项目涵盖了物理学的各个领域，包括力学、电磁学、光学、热学等，并针对不同年级和不同课程设置了相应的实验内容和难度。学生可以根据自己的学习进度和需求，在虚拟实验平台上选择相应的实验项目进行学习和实践。

（2）实验仿真效果好。虚拟实验平台采用高清晰度的三维图像技术，能够忠实地再现真实实验中的各种物理现象和实验装置，让学生在虚拟环境中获得更加真实、逼真的实验体验。通过实验仿真，学生可以更加深入地理解物理实验中的各种概念和原理，提高实验技能和思维能力。

（3）实验操作方便。虚拟实验平台上的实验操作界面简洁明了，学生只需要通过鼠标和键盘等设备即可完成实验操作。与传统实验相比，虚拟实验具有较低的成本和安全风险，并且不受时间和地点限制，使得学生能够更加自主和灵活地进行实验操作。

（4）实验结果可靠。虚拟实验平台中采用先进的物理模型和仿真算法，确保了实验结果的准确性和可靠性。学生可以在实验完成后获得详细的实验报告和数据分析，从而深入理解实验原理和实验结果，并掌握实验分析的方法和技巧。

（五）数据分析与可视化工具

在线物理教学平台的数据分析与可视化工具是指一系列用于数据处理和结果

呈现的软件工具，通过这些工具，学生可以将实验数据转化为图表或动画等形式，更好地理解和展示物理现象[29]。下面详细介绍数据分析与可视化工具所具备的特点和优势。

（1）数据处理和分析。在线物理教学平台所提供的数据分析工具能够处理不同类型的数据，并根据学生的需求进行分析和处理。例如，在力学实验中，学生可以通过加速度计或位移计等设备获得运动的时间序列数据，并将数据导入到数据分析软件中进行处理和分析，从而得出各种物理量的数值和关系。这样，学生能够更加深入地理解实验原理，增强实验技能和思维能力。

（2）数据可视化。在线物理教学平台所提供的数据可视化工具能够将实验数据以图表、动画等形式展示出来，使学生更加直观地感受到物理现象。例如，在光学实验中，学生可以通过数据可视化工具生成衍射图像和干涉条纹等动态效果，更好地了解光的波动性和相干性等概念。通过数据可视化，学生能够深入理解物理现象和实验结果，并掌握数据处理和呈现的方法和技巧。

（3）数据共享和交流。在线物理教学平台所提供的数据分析与可视化工具还有助于学生之间的数据共享和交流。学生可以将自己的实验数据导出为标准格式，然后通过平台上的数据共享功能或邮件等方式与其他同学分享，从而促进学生之间的互动和合作。同时，平台还支持在线讨论和解答疑问，帮助学生更好地理解和应用数据分析和可视化工具。

（4）数据安全和保密。在线物理教学平台所提供的数据分析与可视化工具不仅具有高效和可靠的性能，还有着良好的数据安全和保密措施。平台上的数据存储和传输采用先进的加密技术和备份机制，确保学生的实验数据得到充分保护和保密。

（六）移动端适应性

在线物理教学平台是基于互联网技术的教育平台，它们通常支持多种终端设备，如电脑、平板电脑、手机等。这样做的目的是满足不同设备用户的需求和使用习惯，并提供更加便捷、灵活的在线学习服务。

（1）电脑终端。在线物理教学平台通常支持在 PC 或 Mac 等桌面电脑上访问和使用。在电脑终端上，学生和教师可以通过浏览器登录到教学平台，使用各种功能模块，如在线课程、虚拟实验、数据分析、交流协作等。由于桌面电脑具有大屏幕、高分辨率等优势，因此在电脑上进行物理学习和教学可以提供更加舒适、直观的体验。

（2）平板电脑终端。在线物理教学平台也支持在 iPad、Android 等平板电脑上访问和使用。平板电脑作为移动终端设备，具有轻便、便携和易用等优势，能够让学生随时随地进行学习和实践。在平板电脑上，学生可以使用触控屏幕、手写笔等设备，更加方便地进行虚拟实验、数据分析等操作。

（3）手机终端。在线物理教学平台还支持在智能手机上访问和使用。由于手机具有便携、随身携带等优势，因此在手机上进行物理学习和教学具有极高的灵活性和便捷性。在手机终端上，学生可以通过下载 APP 或直接通过浏览器登录到教学平台，完成在线学习和交流协作等操作。

第二节　信息技术在物理教学方法中的应用

信息技术是当今教育领域的重要发展方向之一，已经逐渐成为物理教学中不可或缺的组成部分。信息技术的应用可以使得物理教学更加生动、直观，提高学生的学习兴趣和参与度，同时也可以促进学生的实践能力和创新思维的发展。

本节将介绍信息技术在物理教学方法中的应用，主要包括多媒体教学法和虚拟实验教学法两个方面。多媒体教学法强调利用声音、图像、文字等不同形式的媒体来传达物理概念和知识，从而更好地激发学生的学科兴趣和理解能力；虚拟实验教学法则是通过计算机技术模拟实际的物理实验，在虚拟环境中进行物理实验和探究，以提高学生的实验技能和实践能力。

一、多媒体教学法

多媒体教学法是指在物理教学中利用多种媒体技术对课程内容进行展示和传递，包括声音、图像、文字等形式。通过多媒体技术，教师可以将抽象的物理概念转化为具体的形象，从而让学生更加深入地理解和掌握知识点。下面将对多媒体教学法的分类进行详细叙述。

（一）幻灯片演示

幻灯片演示是指通过 PPT 软件制作的教学文稿，可以包含文字、图表、图片、视频等各种形式的媒体素材。在物理教学中，幻灯片演示是多媒体教学法最常见的应用之一。通过设计精美的幻灯片，教师可以提高课程的趣味性和可视性，同时也使得学生更容易理解和记忆课程内容[30]。

1. 制作幻灯片需要注意布局和设计

幻灯片的主题、字体、颜色、动画效果等都会直接影响到学生的视觉感受和学习兴趣。因此，教师需要根据具体情况来选择合适的主题和风格，并采用简洁明了的文字和图表来展示物理概念和知识点。同时，动态效果的使用也应当讲究，不能过多地使用闪烁、旋转等效果，否则会分散学生的注意力，影响学习效果。

2. 幻灯片演示的素材选择也至关重要

教师可以利用各种资源来获取所需素材，如从互联网上下载图片、视频等资源，或者自己制作模拟图表和实验结果等内容。在选择素材时，教师需要根据学生的认知特点来进行合理搭配，尽可能地展现出物理现象的复杂性和多样性。

3. 幻灯片演示可以通过交互式设计来提高学生的参与度和反应速度

通过在幻灯片中添加课堂问答环节或小测验，可以让学生积极参与到课程中来，加深对物理知识的理解和掌握。这种课堂互动环节能够激发学生的兴趣和热情，并且鼓励学生主动思考和解决问题。此外，课堂问答和小测验也可以帮助教师及时了解学生的学习情况和掌握程度，调整教学内容和方式，提高教学效果。数字化技术使得添加这些互动环节变得更加容易，例如，在幻灯片中添加选择题、填空题等形式的小测验，利用手机应用程序进行在线投票等，都可以提高课堂互动的效率和便捷性。

4. 幻灯片演示也需要注意一些技巧和规范

幻灯片中的文字应当遵循简洁明了、格式统一的原则，不要使用过于花哨的字体和颜色；图表的制作也应当符合数据准确、易懂、美观等标准；同时，幻灯片的时间控制也是非常重要的，不能过长或过短，应当根据教学进度来设计合理的时间分配。

（二）视频教学

视频教学是指通过录制视频的方式来呈现物理教学内容，包括物理实验、模拟演示、课程讲解等。在物理教学中，视频教学能够直观地展示物理现象和实验结果，让学生更加生动地体验到学习的过程。同时，视频教学还具有可重复性和可分享性的特点，学生可以反复观看、详细分析，或与其他同学进行交流和讨论。

1. 视频教学可以直观地展示物理现象和实验结果

在传统的物理教学中，很多物理现象和实验结果难以生动地呈现给学生，需要通过文字和图表等方式来描述。而视频教学则能够通过摄像机对物理现象和实验过程进行记录和展示，使学生身临其境地感受到物理现象的真实性和复杂性。例如，在光学实验中，学生可以通过视频教学真实地观察到光线的折射、反射等现象，深入了解光学原理。

2. 视频教学具有可重复性和可分享性的特点

学生可以根据自己的学习进度和需求，反复观看视频教学，不断消化和吸收知识点。同时，学生也可以与其他同学进行交流和讨论，分享视频教学的内容和体会，形成良好的学习氛围和互动模式。这种可重复性和可分享性不仅方便了学生的学习，也为教师提供了一个更加有效的教学方式。

3. 视频教学为学生提供了一种自主、直接、个性化的学习方式

学生可以根据自己的兴趣和需求选择视频教学的内容和时长，随时随地进行

学习。同时，学生也可以利用视频教学的特点，独立思考、自主探究，培养实验技能和创新思维能力。

4. 视频教学也需要注意一些技巧和规范

视频教学的拍摄和剪辑应当遵循准确、清晰、简洁的原则，不能有误导性或混淆性；同时，视频教学的时长也应当适中，不宜过短或过长；此外，教师还应当关注视频教学的版权问题，遵守相关法律法规。

（三）互动演示

互动演示是一种利用互联网技术构建的多媒体教学平台，其主要特点是教师和学生之间可以通过该平台进行实时互动和合作。在互动演示中，教师可以上传各种类型的物理资料，如视频、图片、文档等，供学生随时查看和学习。同时，学生也可以利用该平台完成在线测试、讨论、问答等活动，实现教师与学生之间的互动和合作。

1. 互动演示为学生提供了一个更加自主、直接、个性化的学习方式

通过互动演示平台，学生可以根据自己的兴趣和需求，选择适合自己的学习资源和学习方式，完成自主学习和探究。学生可以通过观看在线视频、虚拟实验等形式来加深对物理概念和实验过程的理解，或者通过参与在线讨论、问答等活动，与其他学生和教师交流、分享思路、解决问题，提高学习效果和成绩表现。

2. 互动演示具有较高的实用性和灵活性

教师可以根据学生的年级、背景和兴趣等因素，设计不同难度和类型的学习资源和活动，以适应不同层次和需求的学生。同时，互动演示平台也为教师提供了更多的教学工具和资源，使他们能够更好地设计课程和教学内容，提高教学效果。

3. 互动演示可以让学生自主控制学习进度和节奏

在互动演示中，学生可以根据自己的学习进度和节奏，自主控制学习时间和速度，实现学习过程的个性化和灵活化。这种个性化学习方式非常符合学生的需求和兴趣，能够提高学习效率和成绩表现。相比传统的课堂教学，互动演示使得学习更加自由和开放，让学生能够按照自己的节奏和进度进行学习，不用再受到时间和地点的限制。通过互动演示平台，学生可以随时随地访问学习资源和教育内容，选择适合自己的学习形式和方式。例如，学生可以通过观看在线视频、虚拟实验等形式来加深对物理概念和实验过程的理解；或者通过参与在线讨论、问答等活动，与其他学生和教师交流、分享思路、解决问题，提高学习效果和成绩表现。

4. 互动演示可以扩大学生的社交圈子

互动演示为学生提供了一个全新的学习社交圈子，通过在线讨论、问答等活动，学生可以与其他同学和教师建立紧密联系，共同学习和成长。在这个学习社

交圈子中，学生可以分享自己的学习心得和体会，与他人交流、讨论，拓宽视野、开阔思路。

通过互动演示平台，学生可以结交更多志同道合、有着相似兴趣爱好的同学和教师，形成有益于学习的社交网络。这些社交网络不仅能够帮助学生更好地融入学校集体，还能够增强学生对学科知识的理解和掌握。此外，互动演示也为学生提供了更多的机会和可能性，如参加在线竞赛、各种学术活动等，从而激发学生的学习热情和积极性。总之，互动演示能够扩大学生的社交圈子，增强学生的学习动力和效果。

（四）虚拟模型

虚拟模型是一种通过计算机模拟技术构建的物理模型，可以在计算机上进行物理实验和探究。与传统实验相比，虚拟模型具有灵活、可重复、可控制等特点，能够为学生提供一个更加安全、经济、有效的实验平台，并且能够培养学生的实验和创新能力。

1. 虚拟模型的灵活性是其最大的优点之一

由于虚拟模型是基于计算机技术构建的，所以可以随时根据需要对实验过程和结果进行修改和调整。这意味着学生可以在不同的环境下进行不同的实验，针对不同的问题和目标进行不同的测试和探究。例如，在电路模拟实验中，学生可以尝试不同的电路组合和元件参数，观察电流、电压等参数变化的规律，从而深入了解电路原理和应用。

2. 虚拟模型还具有可重复性和可控制性

与传统实验相比，虚拟模型可以避免由于实验误差、仪器故障等问题带来的不确定因素，从而保证实验结果的准确性和可靠性。此外，在虚拟模型中，学生可以随时重复实验过程，并进行不同的设置和探究。这种可控制性和可重复性能够帮助学生更加深入地理解和掌握物理原理和实验方法。

3. 虚拟模型能够培养学生的实验和创新能力

虚拟模型能够让学生在安全、便捷、经济的环境下进行物理实验和探究，从而增强他们对物理实验的兴趣和热情。同时，虚拟模型还能够激发学生的创造力和创新思维，通过对虚拟模型进行修改和调整，学生可以获得更多的实验数据和结果，并尝试提出自己的独特见解和观点。这种实验和创新能力是未来社会所需要的关键能力之一。

（五）其他形式

1. 音频课程是一种随时随地的学习方式

音频课程是一种利用声音媒介进行教学的方式，通过录制和播放音频文件来传达教学内容。音频课程具有方便、实用、随时随地听取等优点，让学生能够在通勤、旅行等时间空间受限的情况下进行学习。此外，音频课程可以节省学习成本和提高效率，有效地解决了人口分布分散、时间紧张等问题。学生可以结合音频课程，在公交车上、步行时或者打扫房间时进行学习，将碎片化时间转化为学习时间。

2. 动画演示是更加直观生动的物理教学工具

动画演示是一种将图像和声音融合在一起形成的动态展示方式，适用于各种学科的教学。与静态的图片或文字相比，动画演示可以更直观、生动地展示物理概念和实验过程，从而帮助学生更好地理解和掌握知识。动画演示还可以添加特效和音效，增强学习的趣味性和可互动性，让学生更加积极地参与到学习过程中。

3. 游戏式学习是趣味性和挑战性并存的物理学习方式

游戏式学习是一种结合游戏元素和教育元素的教学方式。在游戏式学习中，学生通过参与各种游戏、任务等活动，掌握物理知识和技能，同时还可以提高学生的决策能力和实践能力。与传统的测评形式相比，游戏式学习更加具有趣味性和挑战性，能够让学生在游戏的同时轻松记忆和应用学习到的知识。

二、虚拟实验教学法

虚拟实验教学法是一种利用计算机技术进行物理实验的教学方法，通过构建虚拟实验环境和实验器材，在计算机上进行物理实验的模拟和探究。虚拟实验教学法具有灵活、可重复、可控等特点，能够为学生提供更加安全、经济、有效的实验平台，并且能够培养学生的实验和创新能力[31]。

（一）虚拟实验教学的基本概念

虚拟实验教学法是一种利用计算机仿真技术构建物理实验平台，在计算机上进行模拟实验和探究的教学方法。与传统的物理实验相比，虚拟实验教学能够为学生提供更加安全、经济、有效的实验平台，并且能够培养学生的实验和创新能力。

虚拟实验教学法在物理教学中的应用非常广泛，在物理实验教学、物理实验课程设计、物理实验数据分析和科学研究与发展等方面都有着广泛的应用。例如，利用虚拟实验可以进行经典物理实验的虚拟化教学、数值模拟与计算机仿真、虚拟实验平台的构建与开发等。同时，虚拟实验也为学生提供了丰富的实验资源和实验器材，让学生更加深入地了解物理原理和实验方法。

（二）虚拟实验教学的优点

1. 灵活性

计算机仿真技术使得虚拟实验可以在不同的环境下进行不同的测试和探究，以针对不同的问题和目标进行实验。相比传统物理实验，虚拟实验教学法具有更大的可控制性和可重复性，从而保证实验结果的准确性和可靠性。此外，虚拟实验还可以记录实时数据并进行分析，让学生更全面地了解实验过程和结果。

2. 可重复性

虚拟实验教学可以消除传统物理实验中实验误差、仪器故障等问题带来的不确定因素，从而保证实验结果的准确性和可靠性。此外，在虚拟实验中，学生可以随时重复实验过程，并进行不同的设置和探究。虚拟实验能够记录实时数据并进行分析，使学生更深入了解实验过程和结果，提高其实验技能和数据处理能力。

3. 可控制性

虚拟实验教学法能够让学生更加深入地理解和掌握物理原理和实验方法。与传统实验相比，虚拟实验避免了实验器材的限制，让学生自主选择实验条件和参数，提高学生的实验思维和创新能力。虚拟实验还可以灵活调整实验过程和结果，针对不同的问题和目标进行不同的测试和探究。学生可以在不同的环境下进行不同的实验，更深入地了解物理原理和实验方法，提高学习效果。

4. 安全性

虚拟实验教学法能够为学生提供一个更加安全、经济、有效的实验平台，避免学生在实验过程中出现意外或受伤。特别是对于危险实验或需要昂贵设备的实验，虚拟实验教学法能够提供更好的保障。虚拟实验的安全性使得学生能够更放心地进行实验操作，同时也避免了实验材料和设备的浪费，有利于环境保护。

(三) 虚拟实验教学的应用

虚拟实验教学在物理教学中的应用非常广泛，可以用于各类物理实验的模拟和探究。具体应用方面包括以下几个方面。

1. 物理实验教学

虚拟实验可以替代传统物理实验，以更安全、经济、有效的方式进行实验，并在保证实验效果和结果的前提下，避免学生进行危险和昂贵的实验。虚拟实验的灵活性和可控制性，使得学生能够更加深入地了解物理原理和实验方法，提高学习效果。

2. 物理实验课程设计

虚拟实验可以为物理实验课程的设计提供更多的可能性和选择。特别是在虚拟化教学时代，可以在网上建立虚拟实验室来支持物理实验课的开展。虚拟实验可以满足不同学生的需求，让教师能够根据不同的教学目标和要求，设定不同类型的实验，提高课程的丰富度和趣味性。

3. 物理实验数据分析

虚拟实验可以记录实时数据并进行分析，让学生更全面地了解实验过程和结果。通过数据分析，学生能够更深入地了解物理原理和实验方法，并培养数据处理和分析技能。此外，虚拟实验的数据记录和分析也有助于科研和工程应用。

4. 科学研究与发展

虚拟实验也可以用于科学研究和工程开发中，通过模拟和优化实验流程、探究物理规律、验证科学假设等，推动科学技术的发展和创新。虚拟实验可以在科学研究和工程开发之前进行模拟实验，缩短实验周期和降低实验成本，提高工作效率和准确度。同时，虚拟实验还可以为实验结果的分析和解释，提供更全面、详细的数据支持。

（四）虚拟实验教学的案例

1. 经典物理实验的虚拟化教学

杨氏双缝干涉实验

杨氏双缝干涉实验是一种经典的物理实验，用于研究光波的干涉现象。虚拟实验可以通过计算机仿真技术来模拟这个实验，让学生更好地理解光波的干涉原理。

在虚拟实验中，学生可以选择不同的光源、光屏和双缝板参数，并观察不同干涉图案出现的情况。虚拟实验还可以进行不同的测量和数据分析，帮助学生更深入地了解干涉现象。

杨氏双缝干涉实验的虚拟实验教学包括以下步骤。

（1）确定实验目的和仪器。在虚拟实验之前，教师需要向学生介绍杨氏双缝干涉实验的基本原理和目的，并引导学生了解实验所需仪器和器材。

（2）进行实验设置。学生可以自主选择不同的光源、光屏和双缝板参数，例如光源波长、双缝距离、缝宽等，以及观察距离、屏幕位置等实验参数，并观察不同干涉图案出现的情况。

（3）进行实验操作。学生可以通过虚拟实验进行不同条件下的实验操作，并记录实验结果和数据，例如干涉条纹的位置、亮度等。

（4）进行数据分析。根据实验结果，学生可以进行数据分析并比较不同实验条件下的干涉图案变化，例如计算双缝间距、查看干涉条纹的宽度等。虚拟实验还可以提供数据处理工具，例如光强分布图、功率谱图等，帮助学生更深入地了解干涉现象。

（5）总结实验结果。最后，教师可以引导学生总结实验结果并深入探讨其与光波干涉原理之间的关系，从而加深学生对杨氏双缝干涉实验和光波干涉现象的理解。

弹簧振子实验

弹簧振子实验是一种经典的物理实验，用于研究弹簧振动的规律和性质。虚拟实验可以通过计算机仿真技术来模拟这个实验，让学生更好地理解弹簧振动的规律和性质。

在虚拟实验中，学生可以自主选择不同的弹簧参数和振动条件，并观察不同振动图像和曲线的变化。虚拟实验还可以进行不同的测量和数据分析，帮助学生更深入地了解弹簧振动的规律和性质。

弹簧振子实验的虚拟实验教学包括以下步骤。

（1）确定实验目的和仪器。在虚拟实验之前，教师需要向学生介绍弹簧振子实验的基本原理和目的，并引导学生了解实验所需仪器和器材。

（2）进行实验设置。学生可以自主选择不同的弹簧类型、质量和振动参数，例如弹簧刚度系数、质量大小、振幅、频率等，并观察不同振动图像和曲线的变化。

（3）进行实验操作。学生可以通过虚拟实验进行不同条件下的实验操作，并记录实验结果和数据，例如振动周期、振幅等。

（4）进行数据分析。根据实验结果，学生可以进行数据分析并比较不同实验条件下的振动图像和曲线变化，例如计算频率、周期等。虚拟实验还可以提供数据处理工具，例如 FFT 分析、功率谱图等，帮助学生更深入地了解弹簧振动的规律和性质。

（5）总结实验结果。最后，教师可以引导学生总结实验结果并深入探讨其与弹簧振动原理之间的关系，从而加深学生对弹簧振动和物理现象的理解。

牛顿环实验

牛顿环实验是一种经典的物理实验，用于研究光的干涉与衍射现象。虚拟实验可以通过计算机仿真技术来模拟这个实验，让学生更好地理解光的干涉与衍射原理。

在虚拟实验中，学生可以自主选择不同的透镜、光源和实验参数，并观察不同干涉图案和衍射图样的变化。虚拟实验还可以进行不同的测量和数据分析，帮助学生更深入地了解光的干涉与衍射现象。

牛顿环实验的虚拟实验教学包括以下步骤。

（1）确定实验目的和仪器。在虚拟实验之前，教师需要向学生介绍牛顿环实验的基本原理和目的，并引导学生了解实验所需仪器和器材。

（2）进行实验设置。学生可以自主选择不同的透镜、光源和实验参数，例如透镜曲率半径、光源波长、样品厚度等，并观察不同干涉图案和衍射图样的变化。

（3）进行实验操作。学生可以通过虚拟实验进行不同条件下的实验操作，并记录实验结果和数据，例如干涉环的大小、亮度等。

（4）进行数据分析。根据实验结果，学生可以进行数据分析并比较不同实验条件下的干涉图案和衍射图样变化，如计算透镜曲率半径、查看干涉环直径等。虚拟实验还可以提供数据处理工具，如光强分布图、功率谱图等，帮助学生更深入地了解光的干涉与衍射现象。

（5）总结实验结果。最后，教师可以引导学生总结实验结果并深入探讨其与光的干涉与衍射原理之间的关系，从而加深学生对牛顿环实验和光波干涉与衍射现象的理解。

2. 数值模拟与计算机仿真

电磁场模拟

电磁场模拟是一种基于数值模拟与计算机仿真技术的实验，用于研究电磁场的规律和性质。虚拟实验可以通过计算机程序对电磁场进行模拟，并可视化展示电磁场的分布和变化，让学生更好地理解电磁场的本质和应用。

在虚拟实验中，学生可以自主选择不同的电磁场模型和实验参数，并观察电磁场的分布和变化。虚拟实验还可以进行不同的测量和数据分析，帮助学生更深入地了解电磁场的规律和性质。

电磁场模拟的虚拟实验教学包括以下步骤。

（1）确定实验目的和仪器。在虚拟实验之前，教师需要向学生介绍电磁场的基本原理和目的，并引导学生了解实验所需仪器和器材。

（2）进行实验设置。学生可以自主选择不同的电磁场模型和实验参数，如电荷大小、电荷位置、电场强度、电流大小等，并观察电磁场的分布和变化。

（3）进行实验操作。学生可以通过虚拟实验进行不同条件下的实验操作，并记录实验结果和数据，例如电场、磁场分布等。

（4）进行数据分析。根据实验结果，学生可以进行数据分析并比较不同实验条件下的电磁场分布变化，例如计算电荷密度、电势能等。虚拟实验还可以提供数据处理工具，如场线图、磁通量分布图等，帮助学生更深入地了解电磁场规律和性质。

（5）总结实验结果。最后，教师可以引导学生总结实验结果并深入探讨其与电磁场原理之间的关系，从而加深学生对电磁场的理解。

波动方程求解

波动方程求解是一种基于数值模拟与计算机仿真技术的实验，用于研究波动现象和波场的规律和性质。虚拟实验可以通过计算机程序对波动方程进行求解，并可视化展示波场的分布和变化，让学生更好地理解波动现象和应用。

在虚拟实验中，学生可以自主选择不同的波动问题和实验参数，并观察波场的分布和变化。虚拟实验还可以进行不同的测量和数据分析，帮助学生更深入地了解波动现象和波场的规律和性质。

波动方程求解的虚拟实验教学包括以下步骤。

（1）确定实验目的和仪器。在虚拟实验之前，教师需要向学生介绍波动现象的基本原理和目的，并引导学生了解实验所需仪器和器材。

（2）进行实验设置。学生可以自主选择不同的波动问题和实验参数，例如波源类型、波长大小、传播介质等，并观察波场的分布和变化。

（3）进行实验操作。学生可以通过虚拟实验进行不同条件下的实验操作，并记录实验结果和数据，例如波形分布、幅度、相位等。

（4）进行数据分析。根据实验结果，学生可以进行数据分析并比较不同实验条件下的波动现象和波场变化，例如计算波速、频率、功率等。虚拟实验还可以提供数据处理工具，如波形图、功率谱图等，帮助学生更深入地了解波动现象和波场规律和性质。

（5）总结实验结果。最后，教师可以引导学生总结实验结果并深入探讨其与波动原理之间的关系，从而加深学生对波动现象的理解。

量子力学模拟

量子力学模拟是一种基于数值模拟与计算机仿真技术的实验，用于研究微观粒子和量子物理现象。虚拟实验可以通过计算机程序对量子系统进行模拟，并可视化展示量子态的分布和变化，让学生更好地理解量子力学的本质和应用。

在虚拟实验中，学生可以自主选择不同的量子系统和实验参数，并观察量子态的分布和变化。虚拟实验还可以进行不同的测量和数据分析，帮助学生更深入地了解量子物理现象和量子计算的基础原理和方法。

量子力学模拟的虚拟实验教学包括以下步骤。

（1）确定实验目的和仪器。在虚拟实验之前，教师需要向学生介绍量子力学的基本原理和目的，并引导学生了解实验所需仪器和器材。

（2）进行实验设置。学生可以自主选择不同的量子系统和实验参数，例如量子比特数量、相干性大小、哈密顿量形式等，并观察量子态的分布和变化。

（3）进行实验操作。学生可以通过虚拟实验进行不同条件下的实验操作，并记录实验结果和数据，例如量子态测量、干涉效应、纠缠态等。

（4）进行数据分析。根据实验结果，学生可以进行数据分析并比较不同实验条件下的量子物理现象和量子态变化，例如计算期望值、时间演化等。虚拟实验还可以提供数据处理工具，如量子态绘图、密度矩阵表示等，帮助学生更深入地了解量子物理现象和量子计算方法。

（5）总结实验结果。最后，教师可以引导学生总结实验结果并深入探讨其与量子力学原理之间的关系，从而加深学生对量子物理学的理解。

通过虚拟实验教学，学生可以更方便地进行实验操作和数据处理，并且能够灵活调整实验参数和条件，以更好地了解物理现象和掌握实验技能。此外，虚拟实验还可以模拟复杂的量子系统和量子算法应用场景，为学生提供更加真实的实验体验和研究场景。

（五）虚拟实验平台的构建与开发

国内外已有的虚拟实验平台，如"Virtual Physics Laboratory""Interactive Physics""Physics Education Technology Project"等，这些虚拟实验平台不仅提供了丰富的实验资源和实验器材，还支持学生自主选择实验条件和参数，从而提高学生的实验思维和创新能力。

1. "Virtual Physics Laboratory"（虚拟物理实验室）

"Virtual Physics Laboratory"是由美国威斯康星大学麦迪逊分校开发的一款虚拟实验平台，旨在提供丰富、互动和易于使用的虚拟物理实验资源。该平台涵盖了力学、光学、热学、电磁学等多个领域的实验，并支持用户自主选择实验参数和条件。此外，"Virtual Physics Laboratory"还提供了实验指导和数据处理工具，帮助学生更好地进行实验操作和数据分析[32]。

2. "Interactive Physics"（交互式物理实验）

"Interactive Physics"是由美国设计软件公司 Design Simulation Technologies 开发的一款虚拟实验平台，旨在为学生提供可视化、交互式的物理实验环境。该平台涵盖了力学、电学、热学、声学、光学等多个领域的实验，可以模拟真实的物理现象，并支持用户自主选择实验参数和条件。此外，"Interactive Physics"还拥有强大的运动仿真引擎和数据分析工具，帮助学生更好地理解物理现象和进行数据处理[32]。

3. "Physics Education Technology Project"（PETP）

"Physics Education Technology Project"是由美国宾夕法尼亚州立大学物理系开发的一款虚拟实验平台，旨在提供互动、创新和多元化的物理实验资源。该平台涵盖了机械、电磁、光学、热学等多个领域的实验，并支持用户自主选择实验参数和条件。此外，"PETP"还提供了实验指导、问题解答和数据处理工具，帮助学生更好地理解物理现象和进行实验操作[32]。

这些虚拟实验平台不仅提供了丰富的实验资源和实验器材，还支持学生自主选择实验条件和参数，提高学生的实验思维和创新能力。同时，虚拟实验平台可以模拟复杂的物理现象和应用场景，为学生提供更加真实的实验体验和研究场景。这对于学生在校内进行物理实验和研究有着很大的帮助。

第三节 工程设计思维在物理教学方法中的应用

在当今社会中，工程设计思维已经逐渐成为一种重要的思维方式。在物理教学中，引入工程设计思维可以帮助学生更好地理解物理知识，并将其应用于实际生活中。工程设计思维强调问题解决和创新，通过迭代、试错和优化来实现最佳结果。在物理教学中，教师可以将学生引导到实际场景中进行探究，让他们发现并解决问题，以及不断改进其设计方案。同时，由于物理与工程学科存在相互联系，引入工程设计思维也可以加深学生对物理原理的理解。因此，本节将介绍工程设计思维的基本概念，并探讨如何将其应用于物理教学中，以期提高学生的探究能力和创新能力。

一、工程设计思维的基本概念

工程设计思维是一种以问题解决和创新为导向的跨学科思维模式。它强调实践探究、迭代试错、创新思维和团队合作等方面，通过不断地迭代、优化和改进来解决实际问题[33]。在物理教学中，引入工程设计思维可以帮助学生更好地理解物理知识，并培养其实际应用能力和创新思维能力。工程设计思维包括以下几个方面的基本概念。

（一）问题识别和需求分析

工程设计思维是一种以实践探究和创新为导向的思维模式。在这种思维模式下，识别和分析实际问题、确定问题需求和限制条件以及明确问题目标和解决方向是工程设计思维的基本步骤之一。

1. 识别和分析实际问题

在物理教学中，通过引入实际问题和场景来激发学生的兴趣和好奇心，让学生能够认识到物理知识与现实世界的联系。例如，在研究机械波时可以引入音乐与声响相关的问题，或者在学习电路时可以引入电子设备使用中的电源管理问题。同时，学生需要根据问题背景和描述进行多角度分析，确定问题的关键因素和待解决的具体困难，从而对问题有一个全面的认识和观察。

2. 确定问题的需求和限制条件

在物理教学中，教师需要传达给学生问题解决的目标，也就是问题的需求。通过提出问题的需求，学生就能够更加清晰地了解问题的具体目标和要求。除此之外，教师还需要告诉学生问题的限制条件，例如预算、时间限制等。这些限制条件将会对问题的解决方案产生影响，从而在工程设计思维过程中起到关键作用。

3. 明确问题的目标和解决方向

在物理教学中，教师需要引导学生设立具体的目标并确定对应的解决方向。在解决物理实验设计时，学生需要明确实验目的，考虑如何达成实验目标，提出原理性和适用性强的解决方法。此外，在确定问题解决方向时，学生应该遵循工程设计思维的"可行性原则"，即不断优化和改进解决方案，以实现最佳效果。

（二）设计和实现

确定了问题的目标和方向后，接下来需要进行解决方案的设计和实施。这个过程是工程设计思维中最具挑战性和创造性的部分，也是能力提升和积累经验的关键步骤之一。

1. 解决方案的设计需要结合物理知识和实际经验

在物理教学中，学生需要运用掌握的物理知识，尝试提出解决问题的方案。在设计物理实验时，学生需要考虑实验所涉及的物理原理、实验器材和实验步骤等因素，并结合自己的实际经验和常识，提出可行的实验方案。同时，学生还应该注重创新，通过不同的思路和角度来发掘问题的本质，寻求更加优秀的解决方案。

2. 不断迭代和优化设计方案

这个过程是一个不断试错、反思与改进的过程，需要学生在实践中不断总结经验和教训，不断进行调整和完善，以达到更加优秀的效果。例如，在设计物理模型时，学生可以通过多次试验来不断检验和改进自己的设计方案，找到最优解决方案。

3. 实现解决方案是工程设计思维中的关键环节之一

在物理教学中，学生需要对自己提出的解决方案进行具体实施和操作，以达到预期效果。例如在进行物理仿真时，学生需要运用电脑软件尝试构建模型、调整参数，并实时获取数据来检验自己的设计方案是否符合预期。此外，在实现解决方案的过程中，还需要不断地迭代和优化，以达到更加理想的结果。

（三）评估和改进

在工程设计思维的实践中，评估和改进是很重要的环节。在学生完成解决方案的设计和实施后，需要对其进行评估和改进，以达到更好的解决效果。

1. 基于定量或定性指标

这些指标可以是物理参数、使用条件、安全性、经济性等方面的考虑。在设计电子产品时，需要考虑电池寿命、尺寸、功能等多方面的因素，并制定相应的指标来评估设计方案是否符合预期。此外，在评估过程中，还需要考虑实际使用环境和外部影响因素。在设计物理模型时，除了核心技术和物理原理外，还需要考虑不同应用场景下的环境要求，如温度、湿度、振动等因素对模型性能的影响，以充分评估设计方案的可行性。

2. 下一轮迭代和改进提供反馈

学生需要通过实验和数据分析，对自己的设计方案进行严格评估，并根据评估结果进行改进和优化。例如，在设计物理模型时，可以通过不同的模拟软件和实验分析，给出不同的数据指标，检验设计方案是否符合预期，并通过反馈结果来不断调整和完善自己的设计方案，提高其优化程度。

3. 注重"可行性原则"

在迭代过程中，学生需要明确问题目标和解决方向，以从上一轮迭代的经验和教训中汲取营养，为下一轮的优化打下基础。同时，学生还需保持开放的思想，虚心接受各种意见和建议，并在实践中进行验证和检验，以便更好地创新和提高解决问题的效果。这个过程中，学生还需不断审视自己的工作方法和做事方式，排除错误，优化流程，以期达到更高效、精准、科学的工作效果。

（四）团队合作和交流

在工程设计思维中，团队合作和交流是至关重要的。团队成员需要进行有效地合作和沟通，共同解决实际问题，并通过交流来汲取各自的经验和知识。

1. 团队成员需要进行有效地合作

在合作过程中，每个人应该明确分工和任务，并尽力发挥自己的优势来为整个团队做出贡献。在设计物理模型时，可以将团队分成几个小组，每个小组负责不同的任务，如机械结构、电路设计、程序编写等。各小组之间需要协同合作，及时反馈信息和问题，以保证整个项目的顺利进行。

2. 团队成员需要进行有效地沟通

在沟通过程中，需要遵循"言简意赅"的原则，把信息传递清晰明了。在特别重要或复杂的任务中，最好采用多种方式进行沟通，如面对面、文字记录、图表展示等。这样能够更好地将思路传达出去，减少误解和沟通障碍。同时，在沟通过程中，应该尊重他人的观点，听取不同的建议，以便从多方面推进团队进度。

3. 交流经验和知识也是团队合作的重要环节

每个团队成员都有自己的专业领域和技能特长，通过交流可以让大家互相学习和提高。例如，在设计物理模型时，团队成员可以分享自己所学到的物理实验中相关原理、数据分析等方面的知识，从而为整个项目做出贡献。此外，还可以通过交流经验来发现问题、解决难题，并取得更好的效果。

二、工程设计思维在物理教学中的应用

工程设计思维是一种新型的跨学科思维模式，在物理教学中得到了广泛的应用和推广。通过工程设计思维的引导和实践，学生能够更好地理解物理知识和原理，并将其运用于实际问题的解决中。在这个过程中，学生不仅可以提高自己的实践能力和创新能力，还能够增强团队协作能力，深入了解不同物理现象之间的联系，并丰富物理教学内容[8]。因此，工程设计思维在物理教学方法中的应用，已成为当前物理教育发展的一个重要趋势。本小节将探讨工程设计思维在物理教学中的应用，以期进一步提高学生的实践能力、创新能力和解决问题的能力，推动物理学科的不断发展和创新。

（一）提高学生创新能力

工程设计思维是一种以实践探究和创新为导向的跨学科思维模式，近年来在物理教学中得到了广泛的应用。通过工程设计思维的引导和实践，学生可以更好地理解物理知识和原理，并将其应用于实际问题的解决中。这种方法不仅可以提高学生的实际操作能力，还可以培养他们的创新思维能力。

1. 工程设计思维可以帮助学生更好地理解物理知识和原理

在传统的物理教学中，学生往往只是被动地接受知识和原理的讲解，而难以真正深入理解。而通过应用工程设计思维，学生可以将物理知识和原理运用于具体实践中，从而更加深入地理解相关概念和规律。例如，在进行物理实验时，学生需要根据自己所学的物理知识和原理来设计实验方案、分析实验数据，从而深化对物理知识和原理的理解。

2. 工程设计思维可以培养学生的实践能力

在工程设计思维的应用中，学生需要进行实践操作，如制作物理实验器材、完成实验操作等。这些实践操作可以让学生亲身体验和感受物理知识和原理，在实践中逐渐掌握实践操作技能，提高实践水平。

3. 工程设计思维还可以培养学生的创新思维能力

在应用工程设计思维的过程中，学生需要不断进行创造性思维活动，从而寻找最优方案并解决实际问题。在进行物理实验时，学生可能会遇到一些问题，需要通过创造性思维来解决。这样的过程可以帮助学生培养创新意识、创新精神以及解决问题的能力。

4. 工程设计思维还可以提高学生的团队协作能力

在应用工程设计思维的过程中，学生需要与他人合作共同解决实际问题。在这个过程中，学生需要有效地沟通和协作，并相互协调，以获得最佳效果，从而增强团队协作能力。

（二）增强学生团队协作能力

工程设计思维是一种以实践探究和创新为导向的跨学科思维模式，近年来在物理教学中得到了广泛的应用。在工程设计思维的应用中，学生需要进行有效的合作和沟通，共同解决实际问题。这样的过程可以增强学生的团队协作能力，让他们更好地了解如何与他人合作并取得最佳效果。

1. 工程设计思维需要学生之间有效的合作

在应用工程设计思维的过程中，学生往往需要分工合作，互相交流、协调，才能完成整个设计方案，并解决实际问题。例如，在进行物理实验时，学生需要组成小组，根据自己的专业知识和技能，共同完成实验操作。通过这样的实践操作，学生可以不断磨合团队合作能力，提高团队协作水平。

2. 工程设计思维需要学生之间有效的沟通

在团队合作中，沟通是非常重要的环节。学生需要清楚地表达自己的想法和观点，同时也需要认真倾听他人的意见和建议，寻找最优方案。通过有效的沟通，学生可以避免产生误解和矛盾，提高团队协作效率。

3. 工程设计思维需要学生相互协调

在共同解决实际问题的过程中，学生需要相互协调，以获得最佳效果。在这个过程中，学生需要互相理解、支持和配合，同时也需要牢记团队目标，共同为团队目标而努力。通过相互协调，学生可以更好地了解如何与他人合作并取得最佳效果。

4. 工程设计思维可以帮助学生培养出批判性思维技能和领导力

在共同解决实际问题的过程中，学生需要不断反思自己的想法和行为，并且要注意发掘和解决可能存在的问题。这样的思考方式可以促进学生的批判性思维能力的提高。同时，学生还需要熟练掌握实验操作技能，以便更好地完成实验任务。在团队合作中，学生还需要具备一定的领导能力，以协调团队内部关系，保证团队目标的顺利实现。

（三）增强学生实践能力

工程设计思维是一种实践探究和创新导向的思维模式，它能够帮助学生更好地理解物理知识和原理，并将这些知识应用于实际问题的解决中。在这个过程中，学生需要进行实践操作以增强自己的实践能力，并且通过实践进一步深入理解相关的物理知识和原理。

1. 学生可以更加深入地理解物理知识和原理

在传统的物理教学中，学生主要依靠听讲和阅读来获取知识和理解原理。然而，这种方式有时无法真正达到深入理解的目标。相比之下，通过应用工程设计思维，学生可以将所学的物理知识和原理应用于具体实践中，从而更加深入地理解相关概念和规律。例如，在进行物理实验时，学生需要根据所学的物理知识和原理来设计实验方案、分析实验数据，从而进一步深化对物理知识和原理的理解。

2. 学生可以增强自己的实践能力

实践操作是一种实践性学习方式，能够帮助学生将所学的知识和技能应用于实际问题的解决中。在物理教学中，学生需要进行各类实验操作，如测量、观察、分析等，从而提高自己的实践能力。通过这样的实践操作，学生可以更好地掌握实践技能，提高实践水平。

3. 可以帮助学生培养创造性思维能力

创造性思维是指通过创新思维方式，寻找最佳解决方案的能力。在应用工程设计思维时，学生需要不断进行创造性思维活动，寻找最优方案并解决实际问题。例如，在进行物理实验时，学生可能会遇到一些问题，需要通过创造性思维来解决。这样的过程可以帮助学生培养创新意识、创新精神以及解决问题的能力。

4. 有助于学生掌握实用的技能

在物理实验中，学生需要使用各种仪器设备进行实验操作，并需要对仪器设备进行正确的操作和维护。通过这样的实践操作，学生可以掌握实用的技能，并为将来的职业生涯打下坚实的基础。

(四) 强化学生解决问题的能力

工程设计思维的应用在教育领域中具有广泛的应用前景。在这个过程中，学生需要遵循"可行性原则"，注重实践和创新，并不断改进和优化自己的设计方案，以达到更好的解决效果。这种方法可以帮助学生提高问题解决能力，并具备创新思维。

1. 学生需要遵循"可行性原则"

这意味着学生需要根据实际情况和条件来确定自己的设计方案，确保其在技术、经济、环境等方面的可行性。在进行物理实验时，学生需要考虑实验设备的可用性、实验成本、实验安全等因素，从而制定出合适的实验方案。通过遵循"可行性原则"，学生可以在解决问题的同时，注重实际可行性，从而更加有效地解决问题。

2. 学生需要注重实践和创新

在工程设计思维的应用过程中，学生需要将所学的知识和技能运用于实际问题的解决中，并在实践中不断探索和发现新的解决方案。在做物理实验时，学生需要通过自己的操作和观察，探索物理原理的应用，从而提高自己的实践能力。同时，在实践中，学生也需要思考如何创新，寻找更加有效的解决方案。通过注重实践和创新，学生可以不断掌握新的知识和技能，为未来的职业发展做好准备。

3. 学生需要不断改进和优化自己的设计方案

在工程设计思维的应用过程中，学生需要对自己的设计方案进行反复测试和优化，并根据测试结果来调整和改进自己的方案。例如，在做物理实验时，学生需要对实验数据进行分析，从而了解实验结果的准确性和可信度。如果结果与预期不符，学生需要重新检查实验步骤和条件，并进行调整和改进。通过不断改进和优化自己的设计方案，学生可以提高自己的技能水平和解决问题的能力。

4. 通过工程设计思维提高问题解决能力和创新思维

在工程设计思维的应用过程中，学生需要将所学的知识和技能运用到实际问题的解决中，并不断探索和发现新的解决方案。通过这样的过程，学生可以提高自己的问题解决能力，从而更加有效地应对各种实际问题。同时，通过注重实践和创新，学生也可以培养自己的创新思维能力，从而在未来的职业发展中更具竞争力。

（五）丰富物理教学内容

工程设计思维是一种强调实践探究和创新导向的思维模式，它能够帮助学生更好地掌握物理学科的基础知识和原理，并将其运用于实际问题的解决中。在这个过程中，学生需要通过实践操作来深入了解不同物理现象之间的联系，从而更加全面、深入地了解物理学科。

1. 掌握基础物理知识和原理

在传统的物理教学中，学生主要依靠听讲和阅读来获取知识和理解原理。然而，这种方式有时无法真正达到深入理解的目标。相比之下，通过应用工程设计思维，学生可以将所学的物理知识和原理应用于具体实践中，从而更加深入地掌握相关概念和规律。在做物理实验时，学生需要根据所学的物理知识和原理来设计实验方案、分析实验数据，从而进一步深化对物理知识和原理的理解。

2. 将所学的物理知识和原理运用于实际问题的解决中

在工程设计思维的应用过程中，学生需要将所学的物理知识和原理应用于具体实践中，从而解决各种实际问题。例如，在物理机械设计中，学生需要根据物理原理来设计机械结构，从而达到优化机械性能的目的。通过将所学的物理知识和原理应用于实际问题的解决中，学生可以更好地掌握物理学科，并为未来的职业发展打下坚实的基础。

3. 通过实践操作深入了解不同物理现象之间的联系

在工程设计思维的应用过程中，学生需要进行各类实验操作，如测量、观察、分析等，从而深入了解不同物理现象之间的联系。在物理实验中，学生可以通过对电路的分析和实验，了解电流、电压、电功率等物理现象之间的关系。通过这样的实践操作，学生可以更好地理解物理学科，提高自己的实践能力。

4. 更加全面深入地了解物理学科

在工程设计思维的应用过程中，学生需要将所学的物理知识和技能应用于实际问题的解决中，并通过实践操作深入了解不同物理现象之间的联系。通过这样的过程，学生可以更加全面、深入地了解物理学科，并掌握更为实用的物理技能和知识。

第五章
评价视角下的物理教学方法研究

本章将从评价视角出发，探讨物理教学方法的研究。第一节将介绍传统评估方法的类型和局限性，引出多元评价方法的必要性。第二节将重点介绍学科能力评价方法和综合评价方法，并分析它们在物理教学中的应用。第三节将探讨如何建立符合目标的评价体系和探索有效的评价方式，以设计出符合评价视角的物理教学方法。评价是教学过程中不可或缺的环节，只有通过全面、科学、客观的评价方法，才能准确了解学生的学习状况，进而调整教学策略，实现教学目标。因此，本章旨在为提高物理教学效果和促进学生全面发展提供理论指导和实践参考。

第一节　传统评估方法与局限性

在物理教学中，评估是一个至关重要的环节。传统评估方法作为最为常见和基础的评估方式，一直以来都在被广泛运用。然而，传统评估方法也存在很多局限性，难以准确地反映学生的实际水平和能力。本节将着重介绍传统评估方法的类型和局限性，以便我们更好地认识到它们的不足之处，从而引出更加科学、全面的多元评价方法。通过对各种评估方法的深入探讨，有助于设计出符合评价视角的物理教学方法，提高教学效果和学生综合素养。

一、传统评估方法的类型

（一）笔试或考试

笔试或考试是一种传统的评估方式，它通过书面或口头测试学生掌握的知识和技能水平。在物理教学中，笔试或考试通常包括选择题、填空题、简答题等形式，这些题目旨在测试学生对物理知识的掌握程度和应用能力，以及对物理概念的理解和运用能力等。

（1）选择题是一种常见的考试题型，它要求学生从给定的选项中选择正确答案。选择题可以分为单选题和多选题两种形式。单选题只有一个正确答案，而多选题则需要学生在多个选项中选择所有正确的答案。选择题具有易批改、速度快、能够检测学生广泛基础知识的优点，但也存在很大的缺陷，如无法检验学生深层次的思考能力和创造性能力等。

（2）填空题则要求学生根据题目提供的信息填写空白处的内容。填空题可以测试学生对某些关键概念或公式的掌握，同时也可以考查学生的推理能力和分析能力等。

（3）简答题是一种较为开放的考试形式，通常要求学生对某个问题进行简要的描述或解释。简答题通常需要学生掌握一定的物理知识，并且具备一定的分析和表达能力。简答题可以在一定程度上测试学生的理解和分析能力，但是它也存在主观性和标准化不一致等缺陷。

（二）实验报告

实验报告是一种常见的评估方式，它要求学生根据实验结果撰写报告，从而评价学生的观察力、数据处理、实验设计和科学思维能力等。在物理教学中，实验报告通常包括实验目的、理论基础、实验方法、实验结果、分析和讨论、结论等。

（1）学生需要明确实验的目的和研究问题，并对实验所涉及到的物理理论进行简要的介绍和解释。这有助于学生了解实验的背景和意义，同时也可以激发学生的好奇心和探究欲望。

（2）学生需要详细介绍实验的方法和步骤，包括仪器设备的使用、实验条件的控制等方面。通过对实验过程的描述，学生不仅可以加深对实验原理的理解，还可以培养实验操作的能力。

（3）学生需要展示实验结果并进行数据分析和讨论。这一环节是整个实验报告中最为重要的部分，它直接反映学生对实验结果的理解和分析能力。在分析和讨论环节中，学生需要对数据进行处理和解释，并将实验结果与物理理论相结合，给出合理的解释和分析。此外，学生也可以从实验中发现不足和问题，提出改进措施。

（4）学生需要得出结论并进行总结。结论要求学生在前面的分析和讨论基础上，给出对实验目的的回答以及证明其实验证了预期的结论。同时，在总结部分，学生需要简要回顾整个实验过程，并思考实验的局限性和可能的扩展。

通过实验报告这种评估方式，教师可以全面地评价学生的观察力、数据处理、实验设计和科学思维能力等方面。其中，观察力是指学生观察实验现象的能力，包括对实验数据和图形的认识和解读；数据处理则要求学生能够运用数学和统计学方法对实验数据进行分析和处理；实验设计则强调学生对实验步骤和条件的掌握，以及对实验变量的控制和测量误差的分析；而科学思维能力则包括学生对物理概念的理解和应用，以及对科学问题的分析和解决能力等。

（三）作业和项目

作业和项目是一种常见的评估方式，它包括书面作业、研究报告、模拟项目等形式，评价学生的独立思考、解决问题的能力和团队合作能力等。在物理教学中，作业和项目通常要求学生进行实验设计、问题探究、文献调研等活动，以提高学生的科学素养和综合能力。

（1）书面作业是一种较为传统的评估方式，它要求学生根据课堂讲解和相关读物完成一定的书面作业。书面作业可以检验学生对物理概念和公式的掌握程度，同时也可以培养学生的笔头能力。

（2）研究报告则是一种更为开放和综合的评估方式，它要求学生根据自己的兴趣和问题，进行独立的探究和研究，并撰写出详细的研究报告。研究报告不仅要求学生掌握一定的物理知识和方法，还需要学生具备较强的研究能力和创新意识。

（3）模拟项目是一种比较新颖的评估方式，它要求学生在模拟环境下进行实验和项目设计，以测试学生的综合能力和团队合作能力。模拟项目可以让学生在虚拟环境中体验真实的实验和项目流程，从而更好地锻炼学生的创新、协作、沟通等能力。

通过书面作业、研究报告、模拟项目等评估方式，教师可以充分考察学生的独立思考、解决问题的能力和团队合作能力等方面。其中，独立思考是指学生对问题的分析和解决能力，包括对物理概念的理解和应用，以及对科学问题的探究和研究能力；解决问题的能力则是指学生在实践中发现问题并采取相应措施解决问题的能力；团队合作能力则是指学生在团队中协调、沟通和合作的能力[4]。

（四）口头表达

口头表达和交流是一个人成功的关键因素之一。在物理教学中，演讲、辩论、小组讨论等形式被广泛采用来评价学生的沟通表达能力、批判性思维和人际交往能力等。这些活动可以帮助学生提高自信心、增强表达能力、拓展视野，并促进学生的人格成长。

（1）演讲是一种常见的评估方式，它要求学生根据课程内容或自己感兴趣的话题进行口头演讲。演讲不仅考查学生对物理知识的掌握程度，还可以锻炼学生的表达能力和思维能力。在演讲中，学生需要准备演讲稿并进行演练，在演讲过程中，学生需要注意语言表达和肢体语言等方面的细节，以表现出自己的自信和魅力。

（2）辩论是一种更具挑战性和互动性的评估方式，它要求学生就某个问题展开争论和辩论。辩论不仅要求学生掌握物理知识和理论基础，还需要学生运用批判性思维和逻辑推理来支持自己的立场并驳斥对方观点。在辩论过程中，学生需要协作、互动、交流，并表现出自己的沉着和自信。

（3）小组讨论是一种更加开放和综合的评估方式，它要求学生在小组中就某个问题进行深入探讨和交流。小组讨论可以促进学生之间的合作和交流，同时也可以拓展学生的视野和思维方式。在小组讨论中，学生需要发挥团队精神，积极贡献自己的想法，并倾听和尊重他人的观点。

通过演讲、辩论、小组讨论等评估方式，教师可以全面考查学生的沟通表达能力、批判性思维和人际交往能力等多方面的能力。其中，沟通表达能力是指学生在口头表达和交流中的语言表达和肢体语言等方面的能力；批判性思维则是指学生利用逻辑推理、思维分析等方法进行问题思考和解决的能力；人际交往能力则是指学生积极合作、协调和交流的能力。

（五）观察记录

实地考察和教学示范是一种常见的评估方式，它们主要用于评价学生对物理现象和事件的观察、描述和分析能力。通过实地考察和教学示范，教师可以让学生亲身体验、感知和探究物理世界，从而促进学生的科学素养和实践能力。

（1）实地考察是一种较广泛采用的评估方式，它要求学生前往实地进行观察和调查，并根据所得数据撰写实验报告或综合分析。实地考察可以让学生深入了解物理现象和事件的本质和特点，同时也可以锻炼学生的观察、记录和分析能力。在实地考察中，学生需要注意安全、认真观察、精准记录，并做出正确的结论和分析。

（2）教学示范是一种更为直观和可视化的评估方式，它通常由教师或助教进行演示，以展示物理知识和实验过程。教学示范不仅可以加深学生对物理现象的理解和认识，还可以激发学生的兴趣和好奇心。在教学示范中，教师需要注意语言表达、图像辅助和实验过程等方面的细节，以确保学生能够真正理解和掌握物理知识和实验技能。

通过实地考察和教学示范这种评估方式，教师可以全面考查学生对物理现象和事件的观察、描述和分析能力。其中，观察能力是指学生对物理现象的直接感知和记录能力；描述能力则是指学生对物理现象和事件的文字或图像表述能力；分析能力则是指学生利用物理知识和方法进行问题分析和解决的能力。

（六）调查问卷

社会调查与实践是一种能够促进学生对社会问题认识、态度和行为等方面的综合素养提高的评估方式。通过开展社会调查和实践活动，教师可以让学生更深入地了解社会现象、问题和挑战，激发学生的社会责任感和创造力，从而提高学生的社会调查与实践能力。

（1）社会调查是一种常见的评估方式，它要求学生掌握调查设计、样本抽取、数据收集和分析等基本技能，以便在社会问题研究领域中进行自主创新和实践。社会调查可以让学生深入了解社会问题的本质和机理，同时也可以提高学生的数据分析和思考能力。在社会调查中，学生需要结合课程内容和实际情况，制定调查方案并进行实地调研，最后根据结果撰写调查报告或做出相应的解释和建议[34]。

（2）实践活动是一种更为直接的评估方式，它要求学生将理论知识转化为实践能力，并在社会实践中积累经验和成果。实践活动可以让学生更深入地了解社会问题和挑战，同时也可以提高学生的批判性思维和社会创新能力。在实践活动中，学生需要结合自己的兴趣和目标，积极探索和尝试，最终做出符合实际需求和社会期望的成果和贡献。

通过社会调查和实践这种评估方式，教师可以全面考查学生对社会问题的认识、态度和行为等方面的能力。其中，认识能力是指学生对社会现象和问题的洞察和理解能力；态度能力则是指学生对社会问题和挑战的态度和价值观念；行为能力则是指学生在社会实践中所表现出来的责任感和行动力。

二、传统评估方法的局限性

传统的评估方法在许多教育领域中被广泛应用，然而在物理教学中，其存在很大的局限性。

（一）无法全面评价学生的综合素养

传统评估方法主要关注学生的考试成绩和知识掌握情况，而忽略了学生成长发展和综合素养的评价。

综合素养是指学生在各方面的能力表现，包括思维能力、实践能力、创新能力等。而传统的评估方法往往只针对学生的知识掌握程度进行测量，无法充分反映出学生在其他方面的表现。例如，在物理实验中，学生需要具备较高的实践能力和科学精神，但这些方面的能力并不能通过简单的考试或作业来评价。

（二）缺乏个性化评价

每个学生的优势和不足都不尽相同，然而传统的评估方法通常采用标准化测量和评分，难以针对每个学生的特点和需求进行个性化评估。这种评估方式可能会造成评价结果不准确或不公平。

1. 忽略学生的差异性

传统评估方法往往采用标准化测量和评分，难以针对每个学生的特点和需求进行个性化评估。每个学生都有自己的学习风格和能力强项，而这些因素都会影响到学生的表现。但如果只采用一种标准来测量和评价，就可能会忽略掉这些个人差异，从而导致评估结果不准确。

2. 忽视学生的学科兴趣和特长

传统评估方法中的标准化测量和评分往往无法反映学生的学科兴趣和特长，从而可能会给学生带来不公平的评价结果。学生的学科兴趣和特长是影响学生成绩的重要因素之一，因为有兴趣的学生更容易投入到学习中去，并且可能会有更好的表现。因此，在评估过程中应该考虑学生的兴趣和特长，为他们提供更加贴近实际的评价方式，以便更好地发挥他们的潜力。

3. 忽略教育过程中的个性化需求

标准化测量和评分往往会忽略教育过程中的个性化需求。每个学生都有自己的学习节奏和风格，而传统评估方法中的标准化测量和评分无法满足这些个性化需求。例如，某些学生可能需要更多的时间来理解和掌握知识点，而传统评估方法却会将这些学生同其他学生一视同仁地进行评价。因此，在评估过程中应该考虑到每个学生的个性化需求，为他们提供更加灵活和个性化的评价方式，以便更好地促进他们的学习和发展。

（三）缺乏反馈与指导功能

传统评估方法通常只是简单地给出成绩或排名，缺乏对学生的详细反馈和指导。这种评估方式可能会使学生无法及时了解自己的优势和不足，并进行相应的改进和提高。

1. 简单成绩或排名的局限性

传统评估方法中的简单成绩或排名不能充分反映出学生的实际表现。成绩或排名只能代表学生成绩的高低，无法说明具体的问题和需要改进的地方。同时，简单的成绩或排名也无法为学生提供有用的信息和建议。因此，教师应该采用更加详细和有针对性的反馈和指导方式，以便更好地指导学生的学习和发展。

2. 缺乏反馈和指导的负面影响

缺乏详细反馈和指导可能会导致学生的焦虑和失落感。如果学生只知道自己得了一个低分，但并不知道哪些方面出了问题，那么他们可能会对自己的能力产生怀疑和不安。此外，缺乏针对性的指导和建议也会让学生无从下手，不知道该如何改进自己的表现。因此，教师应该及时给予学生详细的反馈和指导，帮助他们了解自己的表现，并提供具体的建议和改进方案。

3. 忽视学生的进步和努力

传统评估方法中的简单成绩或排名也往往忽略了学生的进步和努力。有些学生可能表现不佳，但是他们在过程中已经付出了很多努力，这些努力值得被肯定和赞赏。然而传统评估方法中只关注结果，而忽视了学生的过程和成长。因此，教师应该采用更加全面和综合的评价方式，关注学生的过程和进步，为学生提供充分的肯定和鼓励，激励他们保持积极的学习态度和努力精神。

（四）容易形成评价导向的学习态度

在传统评估方法中，成绩往往被视为衡量学生学习成果的唯一标准。因此，许多学生会产生"为了考试而学习"的学习态度，他们只关注应试技巧和知识记忆，忽视了学习过程中的思考和探究。这种学习态度可能会损害学生的兴趣和创造力，影响到学生整体素质的提高[35]。

1. 为了考试而学习会导致兴趣和好奇心下降

这种"为了考试而学习"的态度让学生只是为了通过考试而掌握知识，而不是对知识本身产生兴趣。这样一来，学生可能会失去对学科的热情，缺乏发现问题和探究的动力，从而影响到学习成果的提高。学生的创造性思维也会被抑制，因为他们不再感到好奇、不再想要尝试新的东西，而是将自己局限在应付考试的范围之内。

2. 追求高分会阻碍学生创造性思维和创新能力的发展

在追求高分的过程中，学生往往会优先考虑教师或教材上的答案，而缺乏独立思考和创新精神。这种学习态度将会难以培养出独立思考、解决问题的能力，从而限制学生面对未来挑战和竞争时的应变能力与表现水平。当学生发现自己无法用所学知识解决问题时，他们会陷入困惑，不知道该如何解决问题。这会阻碍学生的创造性思维和创新能力的发展。

3. 只关注学科知识掌握会阻碍学生整体素质提升

在传统评估方法中，成绩被视为判断学生整体素质的唯一标准，学生往往只会关注学科知识的掌握，忽视其他方面的发展，如人际交往、领导力等。这样一来，学生的整体素质可能会受到限制，无法全面发展。当学生只专注于学科知识时，他们可能会失去对其他领域的兴趣，无法将所学应用于实际生活，从而影响到自己的整体素质。因此，一个全面发展的教育方案应该着重培养学生的多元化智能，以便让他们在各个方面都能够有所突破。

（五）忽略教育的社会功能

在当今社会中，教育不仅是个人发展的重要途径，也承担着社会责任和公民意识的培养。然而，传统评估方法往往忽略了这一点。这种评估方式只注重个人能力的发展，而忽视了学生在社会中的角色和责任。

教育的社会功能之一是培养学生的社会责任感和公民意识。这需要学生具备一定的社会思维能力，包括理解社会问题、认识社会现象、关注社会变化等方面。同时，学生应该具有一定的公民素质，如尊重规则、遵纪守法、正义感、自我约束等。这些都是成为一个合格公民所必须具备的品质。

然而，在传统评估方法中，这些方面往往被忽略了。评价标准主要是学科知识掌握程度和考试成绩。这种评估方式并没有对学生的社会责任感和公民意识进行评价，也没有对学生的社会参与和社区服务进行鼓励。

1. 传统评估方法忽略学生的社会角色与责任

传统评估方法往往忽略了教育的社会功能，即对学生的社会责任感和公民意识进行培养和评价。这种评估方式只注重个人能力的发展，而忽视了学生在社会中的角色和责任。这样一来，学生过分关注个人能力的发展和成绩的取得，而缺乏对社会问题的关注和理解，不知道如何为社会作出贡献。

2. 传统评估方法影响教育本身的社会功能

教育的目的不仅是为了个人发展，也承担着社会责任和公民意识的培养。然而，传统的评估方法只注重个人能力的发展，而忽视了教育本身的社会功能。如果评估方法只注重个人能力的发展，那么教育就会失去其主要的社会功能，而只变成了一个为了个人利益服务的工具。这可能会限制学生的全面发展，同时也会让整个社会受益更少。

3. 传统评估方法限制学生的全面发展

学生需要具备多元化的智能才能适应未来的挑战和竞争，但传统评估方法只关注学科知识的掌握，忽视其他方面的发展。这使得学生无法全面地发展自己的各项潜能，从而在未来的竞争中处于劣势地位。因此，我们需要推行更加全面的评估体系，以便让学生在各个方面都能够有所突破，同时也能够适应未来的挑战和竞争。

第二节　多元评价方法及其应用

在传统的物理教学中，常采用单一的笔试、口试等方式对学生进行评估。然而，这种评估方法存在着许多局限性，例如只考察学生的记忆能力和理解能力，无法全面反映学生的实际能力和潜力。为了更好地评价学生的学习成果和能力，多元评价方法逐渐被引入到物理教学中。多元评价方法包括学科能力评价、综合评价等多个方面，可以从不同角度全面评估学生的学习表现和能力水平。与传统评估相比，多元评价具有更大的灵活性和针对性，可以更好地满足实际教育需求[36]。

一、学科能力评价方法

在物理教学中，除了关注学生的知识掌握程度外，也需要考查学生的能力水平。传统的评估方法往往只强调学科知识的检测，忽略了对学科能力的评价。因此，多元评价方法已成为当前物理教学中的一大趋势。其中，学科能力评价方法作为多元评价方法的重要组成部分，注重评价学生的实验能力、创新能力、思维能力等方面的表现。本小节将介绍学科能力评价方法的类型和应用。通过有效的学科能力评价方法，可以更加全面地了解学生的学习状况及其发展潜力，促进其能力的提升和发展。

（一）实验设计与数据处理能力评价方法

实验设计与数据处理能力评价方法是学科能力评价中的一部分，旨在通过实验设计和实验数据处理的能力来评价学生的物理学科能力。这种评价方法突显了物理学科本身的实验性质，即物理学理论不仅要能向实际问题做出解释，还要通过实验验证，从而增加其可靠性和准确性。

在学科能力评价过程中，实验设计是其中一个重要的方面。它可以帮助学生培养系统思考、创新思维以及对实验现象的观察和分析能力。在实验设计过程中，学生需要合理安排实验步骤和实验条件，选择合适的实验器材和测量仪器，并且根据实验结果进行相应的调整和改进。因此，学生在实验设计过程中需要掌握物理学科相关知识，同时也需要具备一定的动手操作能力和实验技能。

除了实验设计外，数据采集、数据处理和结果分析也是实验能力评价的重要方面。这方面主要涉及学生在实验过程中如何正确采集数据、如何利用各种工具对数据进行处理和分析以及如何根据数据结果进行结论的推断等问题。学生需要运用物理学科的知识，对实验数据进行科学的分析处理，并且结合实验结果进行科学论述和总结。

为了评价学生在实验设计和数据处理方面的能力，教师可以利用一系列的评价工具和方法。例如，通过观察和记录学生的实验过程来评价其实验设计和操作能力；通过评价学生所采集的实验数据的准确性、精度和完整性等方面来评价其数据采集能力；通过评估学生数据处理的正确性和科学性来评价其数据处理能力；最后，通过检查学生得出的结论是否科学可靠来评价学生的实验结果分析能力。

此外，在实验设计与数据处理能力评价方法中，注重培养学生的团队协作精神和创新精神也是非常重要的。教师可以让学生小组合作完成实验项目，让学生通过交流协商解决实验过程中遇到的问题，从而提高学生合作协作能力。同时，教师也可以鼓励学生在实验设计过程中尝试新的思路和方法，激发学生的创造性思维和创意实践能力。

（二）认知能力评价方法

认知能力评价方法是学科能力评价的重要方面之一，旨在评价学生在物理学科中对知识的掌握和理解程度，以及运用知识解决问题的能力。这种评价方法涉及到物理学科的基本概念、物理现象的描述和解释以及规律性的推理等方面。在这个过程中，教师需要考虑如何鼓励和引导学生把所学的知识应用到实际问题中，并且提高学生的物理学科素养。

为了评价学生的认知能力，教师可以采用以下几种方法。

1. 评价学生对物理学概念的理解能力

评价学生对物理学概念的理解能力是学科能力评价的关键之一。在这方面，教师需要注重培养学生对基本概念的深入理解和应用能力，如质量、速度、加速度、力、功等。通过口头测试、书面测试和小组讨论等方式进行评价，可以让学生更好地掌握和理解各个概念的具体含义和实际应用。

2. 评价学生定量分析的能力

定量分析是物理学科中非常重要的一个能力，涉及对物理现象进行精准描述和计算。教师可以通过给学生一些实际的物理问题，让学生运用所学的知识和技能对问题进行计算和解决。这样可以评价学生的定量分析能力，并且帮助学生更好地理解和应用物理学科相关知识。

3. 评价学生推理能力

推理是物理学科中重要的思维方式之一。评价学生的推理能力可以通过让学生分析和解释物理现象或问题，并且通过逻辑推理得出结论来进行。例如，在给定物理条件下，让学生推断实验结果，或者根据已知物理规律推导出未知物理规律等。这样可以评价学生的推理能力，并且帮助学生更好地应用物理学科相关知识进行问题解决。

4. 教师采用多种形式的评价方法

为了更全面、准确地评价学生的认知能力，教师可以采用多种形式的评价方法，如项目作业、小组讨论、口头报告等。这些不同的评价方式可以更好地反映学生的实际能力和潜力，同时也可以更好地培养学生的实际应用能力和创造性思维。在采用不同的评价方式时，教师需要根据学生的实际情况和具体目的选择合适的评价方法，并且保证评价过程的公正、客观性。

（三）实践操作能力评价方法

实验技能和实践操作能力是评估学生科学素养的重要组成部分。为了评价学生在这方面的表现，教师需要开展实际的实验操作，并针对实验仪器使用、实验过程规范化和安全措施等方面进行评价。

1. 实验仪器的使用

在实验仪器的使用方面，教师需要考查学生是否具备正确使用各种实验仪器的能力。这包括学生能否根据实验要求对仪器进行调节和操作，并能够准确地使用仪器观察、测量或分析实验数据。

2. 实验过程的规范化

在实验过程的规范化方面，教师需要关注学生是否遵守实验程序，是否采取必要的防护措施，是否进行了有效的记录和可靠的数据分析。学生需要了解实验操作的顺序和步骤，以确保结果的可靠性和可重复性。

3. 安全措施

在安全措施方面，教师应强调实验室安全的重要性，并提供必要的安全指导和相关课程。学生需要知道如何正确使用实验室设备以及如何避免意外事故。在实验前，学生应检查实验仪器是否完好，并根据实验要求戴上必要的安全装备。如果出现紧急情况，学生需要知道如何正确地使用灭火器或其他安全设备来保证自己和他人的安全。

（四）交流表达能力评价方法

在物理学科中，学生的思想和表达能力是非常重要的。这些能力可以通过口头演讲、写作和图像表达等方式来评价。

1. 口头演讲

在口头演讲方面，教师可以安排学生参与研究报告或主题演讲等活动，并对其进行评估。评估过程中，教师可以关注学生的语音、语调、节奏和清晰度等方面，以及演讲中展现的自信和说服力等特点。例如，学生需要进行有关光学的主题演讲时，教师可以检查学生是否能够清晰地介绍相关概念、原理以及实验结果，并能够回答观众提出的问题。

2. 写作

在写作方面，教师可以安排学生撰写科技报告、实验报告或论文等，并对其进行评估。在评估过程中，教师可以注意学生的文笔、语言表达、逻辑论述和结构等方面，以及学生在写作中展现的分析能力、创新能力和批判思维等特点。例如，学生需要撰写有关电磁波的科技报告时，教师可以检查学生是否能够清晰地介绍相关概念、原理以及实验结果，并能够深入分析其中的问题和挑战。

3. 图像表达

在图像表达方面，教师可以安排学生进行研究海报制作或项目展示等活动，并对其进行评估。在评估过程中，教师可以关注学生的设计风格、视觉效果、信息传递和创意性等方面，以及他们在图像表达中展现的科学素养、美学品位和创新能力等特点。例如，学生需要制作有关引力场的研究海报时，教师可以检查学生是否能够用清晰且美观的图像和文字来传达他们的研究成果和发现。

（五）合作学习能力评价方法

小组合作学习是现代教育中的一种重要模式，也是今后学生工作和生活中必不可少的一种能力。在小组合作学习过程中，评价学生的协作和沟通能力是非常关键的。

1. 合作协商

在合作协商方面，教师可以观察学生在小组内开展协作讨论的情况，并对其进行评估。在评估过程中，教师可以注意学生的表达能力、倾听能力和共识建立能力等方面，以及学生在协调不同观点和解决冲突等方面的能力。例如，如果学生需要一起制定实验方案，教师可以检查学生是否能够就实验目的、方法和步骤等逐一协商，并最终达成一致意见。

2. 分工合作

在分工合作方面，教师可以安排学生在小组内分工合作，并对其进行评估。在评估过程中，教师可以注意学生的自我管理能力、责任心和配合度等方面，以及学生在分工工作中展现的创新思维和解决问题的能力[37]。例如，如果学生需要完成一项研究项目，教师可以检查学生是否能够协商分工，并在完成任务的过程中发挥各自的才能和优势。

3. 共同完成任务

在共同完成任务方面，教师可以要求小组内的每个成员都参与到任务的完成中，以此评估学生的合作和协调能力。在评估过程中，教师可以注意学生的目标导向和积极性等方面，以及学生在完成任务中展现的创造性思维和团队意识等特点。例如，如果学生需要一起制作一个物理模型，教师可以检查学生是否能够相互配合，充分利用资源，并能够在规定时间内完成任务。

（六）创新能力评价方法

评价学生在物理学科中创新思维和创造性实践的能力是非常关键的，因为这些能力不仅有助于学生更好地掌握物理知识，还会对学生今后的职业发展和生活中的问题解决产生积极影响。

1. 问题解决能力

在问题解决能力方面，教师可以通过设计复杂的物理问题来评价学生的问题解决能力。在评估过程中，教师可以注意学生的分析能力、推理能力和归纳能力等方面，以及学生解决问题的效率和方法。如果学生需要解决一个复杂的电路问题，教师可以观察学生如何分析电路图、应用物理原理并找出解决方案。

2. 独立思考能力

在独立思考能力方面，教师可以通过给学生提供开放性的问题或实验来评价学生的独立思考能力。在评估过程中，教师可以注意学生的创意思维、逻辑思辨和自我表达能力等方面。此外，教师还可以评价学生在自主学习和探究中所展现出的兴趣和动力。例如，如果学生需要设计一个新颖的物理实验，教师可以观察学生如何提出问题、设计方案并进行实践。

3. 创新能力

在创意思维方面，教师可以通过多元化的教学方法和活动来培养和评价学生的创新能力。在评估过程中，教师可以注意学生的想象力、变通性和原创性等方面，以及学生在物理实验、模型设计和科技应用等方面所展现出的创意思维。例如，如果学生需要设计一个自制望远镜，教师可以观察学生如何运用物理知识，并对望远镜的结构、材料、光路等进行创新设计。

4. 创新实验

在创新实验方面，教师可以为学生提供独立开展实验的机会，并对其进行评估。在评估过程中，教师可以注意学生的实验设计、数据处理和结果分析等方面，以及学生在实验中所展现出的创新精神和实践能力。例如，如果学生需要开展一个探究电磁感应定律的实验，教师可以观察学生如何设计实验、获得数据并分析结果，以及学生在实验中是否有新的发现或创新点。

二、综合评价方法

在教育评价中，传统的单一评价方法已经被证明存在局限性，因此需要采用更加全面和多元的评价方法。综合评价方法是其中一种常用的多元评价方法，它将不同层面、不同角度的评价信息综合起来，对学生的综合能力进行评价。

（一）综合评价方法的基本原则

1. 全面性原则

综合评价方法作为目前物理教学中的一大趋势，强调评价对象的各方面表现都需要得到充分的考虑和评价，其中包括知识水平、能力素质、思想品德、实践能力等各个方面。在这些方面的综合考核中，知识水平通常是最基础和重要的方面。然而，在评价过程中不仅仅需要关注学生的知识掌握状况，还需要检验其思维能力、实践能力、创新能力以及人际沟通等综合素质[37]。

对于评价内容的全面性，评价者应该根据具体情况对评价指标进行明确的划分，并综合考虑各指标间的相互影响。例如，在物理教学中，可以采用成绩评价、实验评价、课堂表现评价、参与度评价等方式，并设置相应的评价指标，同时也要结合学生的实际表现制定出科学严谨的评价标准。

综合评价方法的实施，需要收集各种形式的评价数据，如学生的考试成绩、实验报告、参与讨论的频率、课堂问题解决的能力等。在数据处理和分析时，评价者可以采用多种手段进行数据统计和分析，如 SPSS 等统计软件。最后，将不同评价方式得到的评价结果进行整合和综合，得出最终的综合评价结果。根据评价结果，可以制定相应的教学改进措施和个性化辅导计划，帮助学生提高学习成绩和能力。

2. 客观性原则

综合评价方法在物理教学中被广泛应用，可以全面反映学生的知识水平、能力素质、思想品德、实践能力等方面的表现。然而，在实施综合评价时，评价结果的客观性和准确性十分关键，需要避免主观臆断和偏见的影响。

为了保证评价结果的准确性，评价者需要采用多种评价方式，并结合不同的评价指标进行综合评价。这样可以降低单一评价方式和个别因素对评价结果造成的影响。例如，在物理教学中可以采用考试、实验、讨论、作品展示等多种评价方式，以便全面了解学生各方面的表现。

在制定评价指标时，评价者也需要尽可能地明确和具体，将评价标准和评价指标与教学目标相一致。同时，为了降低主观偏见的影响，评价者还应该关注评价过程的公正性和透明度，充分听取学生和家长对评价结果的意见和建议，并及时进行反馈和改进。

3. 权重适度原则

在综合评价中，各个方面的评价内容都有其重要程度和作用范围。评价者需要根据具体情况，合理设置各项评价指标的权重，使得各项指标的评价结果能够反映出评价对象的真实水平。

在设置权重时，评价者需要结合教学目标、课程特点以及学生个体差异等因素进行考虑。一般来说，知识水平是物理教学中最基础也是最重要的方面，因此通常会赋予较高的权重。同时，在评价过程中，还需要将其他方面的表现和能力纳入考虑，如实验能力、创新能力、思维能力、人际关系、责任感等[38]。

不同的评价方法和指标对于综合评价结果的影响也需要进行一定的权衡。例如，在采用成绩评价和实验评价时，需要确保两种方式的权重相对平衡，否则可能会导致评价结果偏差。在设置权重时，评价者还应该充分听取学生、家长以及其他相关人员的意见和建议，进一步提高评价结果的客观性和准确性。

4. 差异性原则

在综合评价中，不同的评价对象之间存在着个体差异，并且这些差异会对评价结果产生影响。因此，在进行评价时，评价者需要充分考虑这些差异，并采用多种方法来反映这些差异，以便更加准确地评价每个学生的表现。

对于不同学生之间存在的个体差异，评价者可以采用多元化的评价方法进行评估。例如，可以采用自我评估、同伴评估和教师评估等方式来获取学生的表现，同时也可以结合成绩、实验报告以及其他形式的作品展示等多种评价方式来全面反映学生的能力水平。

此外，在评价过程中，还需要充分考虑学生的个性差异和发展潜力。在制定评价标准时，评价者要注重针对学生的实际情况进行具体而明确的划分，并根据学生的个性和特点进行灵活调整。例如，针对一些困难学生，评价者要采用更为温和和鼓励性的评价方式，帮助他们克服困难，提高学习成绩和能力。

(二) 综合评价方法的应用

1. 基于多源数据的评价

综合评价方法是物理教学中常用的一种评价方式，可以通过收集多源数据来进行评价。这些数据包括学科成绩、课堂表现、综合能力测试等各种形式的数据，可以反映学生在不同方面的表现和能力水平。

在进行综合评价时，评价者需要设置不同数据的权重，并对各项数据进行综合计算，得出一个全面的评价结果。例如，在物理教学中，可以将学科成绩赋予较高的权重，因为知识水平是物理学习的基础，而其他能力也需要通过相关知识的掌握才能得到发挥。同时，也需要考虑其他方面的表现和能力，如实验能力、思维能力、创新能力等，并给予相应的权重。

在对不同数据进行赋权时，评价者需要根据具体情况和评价目标进行考虑。例如，在评价课堂表现时，评价者可以结合学生的参与度、问题解决能力、反馈贡献等因素进行评估，并赋予适当的权重；而在进行综合能力测试时，则需要设计科学严谨的测试内容和指标，以确保测试结果能够准确反映学生的综合能力水平。

最后，在综合计算时，评价者可以采用加权平均法、主成分分析法等多种方法进行数据处理和分析。通过综合计算得出的全面评价结果，可以为教学提供有效的参考和指导，并帮助学生全面发展和提高自身的能力水平。

2. 基于综合素质评价的评价

综合评价方法是一种多元化的评价方式，可以全面反映学生的各项素质和能力水平。除了学科成绩和课堂表现等方面的评价外，综合评价还需要对学生的思想品德、社会责任感、交往能力、创新能力等方面进行评价[24]。

思想品德是一个人的核心素质之一，评价者可以通过观察学生的言行举止、道德行为和价值观念等方面来评价学生的思想品德水平。社会责任感是另一个重要的素质，评价者可以考虑学生是否关注社会热点问题，是否积极参与公益活动等方面来评价学生的社会责任感。

交往能力也是学生必备的重要素质之一。评价者可以观察学生在集体活动中的沟通和协作能力、是否能够主动帮助他人、是否具备团队合作能力等方面来评价学生的交往能力。创新能力则是一个人未来发展的关键因素之一，评价者可以考察学生的想象力、创造力、反应速度和适应能力等方面来评价学生的创新能力。

3. 基于项目评价的评价

综合评价方法可以通过对学生参与的项目进行评价，以反映学生在实践中所表现出的能力和素质。在物理教学中，学生可以参与一些物理实验或者课外活动，评价者可以根据学生在实验或活动中的表现来评价其综合能力。

具体来说，在评价项目时，需要考虑以下几个方面。

（1）项目的设计和目标。评价者需要明确项目的设计意图和目标，以便在评价过程中能够有针对性地关注学生的表现。例如，在学生参与的物理实验中，评价者可以重点考察学生的实验操作技能、实验数据处理能力、实验报告撰写能力等方面。

（2）对学生的表现和能力进行全面评估。评价者需要根据项目目标和参与要求，全面考查学生的表现和能力水平。例如，在参加物理实验时，除了考查学生的实验操作技能外，还应该关注学生的实验安全意识、团队协作能力、实验数据分析和解释能力等方面。

（3）在评价过程中需要给学生提供清晰明确的评价标准和反馈。评价者可以制定相应的评价标准，并在项目结束后给予学生详细的评价反馈，包括对其优点和不足之处的分析和建议，以帮助学生更好地发展和提高综合能力。

4. 基于自我评价和同伴评价的评价

综合评价方法可以通过学生自我评价和同伴评价的方式，来增加评价结果的准确性和客观性。学生自我评价和同伴评价能够促进学生自觉地审视自己的表现和不足之处，并从他人的角度了解自己的优点和不足之处，有助于提高学生的反思和自我调整能力。

在进行自我评价时，学生需要对自己的表现进行认真评估，并针对存在的问题制定相应的改进措施。评价者可以根据学生自我评价的内容和质量，了解学生的目标设置、自我意识、分析思考等方面的表现，以此为基础进一步开展评价工作。

同伴评价是另一个重要的评价方式，它可以让学生从其他人的角度看待自己，了解自己在集体中的地位和对他人的影响。评价者可以将同伴评价结果与自我评价结果进行比较，发现学生存在的问题和不足之处，从而更加全面地了解学生的表现和综合能力水平。

在将自我评价和同伴评价结果综合计算时，可以采用加权平均法、主成分分析法等多种方法进行数据处理和分析。通过综合计算得出的全面评价结果，可以更好地促进学生的全面发展和提高。

(三) 综合评价方法的优势

1. 能够全面反映学生的综合表现

综合评价方法是一种多元化的评价方式，可以考虑到学生的多个方面，对其综合表现进行评价。相比传统的单一评价方法，综合评价方法更为全面，能够更准确地反映学生的个性、能力和潜力。

在综合评价中，评价者会根据不同的评价目标和需要，收集和分析学生的各种数据，如学科成绩、课堂表现、综合能力测试等。同时，还会注意到学生的课外活动、社交能力、自我管理能力等非正式领域的表现，以便全面了解学生的素质和能力。

另外，在综合评价中，评价者会通过多种评价方法来评估学生。例如，可以采用观察记录法、考试测量法、问卷调查法、专家评估法等多种方法，以确保评价结果的准确性和客观性。此外，评价者还会考虑到个体差异，采用个性化评价的方式，让每位学生都能得到更为准确的评价结果。

2. 能够提高评价结果的客观性和准确性

综合评价方法采用了多种评价方式，可以有效降低主观因素的影响，提高评价结果的客观性和准确性。多种评价方法相互印证，从不同的角度和方面反映学生的表现和能力，避免了单一评价方法的局限性。

其中，通过考试测量法评价学科成绩和课程知识掌握水平，可以客观地反映学生对知识点的熟悉程度和掌握情况；通过观察记录法评价学生的课堂表现，在教师实时的观察下，可以全面了解学生在课堂上的表现和态度；通过问卷调查法对学生进行调查，可以获取学生对教学内容、教师教学质量等方面的反馈，同时也可以了解学生的个人特点和需求；通过专家评估法评价学生的综合能力，可以更加客观地评价学生的综合素质和能力水平。

采用多种评价方法可以有效降低主观因素的影响，防止评价者的个人偏好或评价标准对评价结果产生不利影响，保证评价结果的客观性和准确性。此外，多种评价方法相互印证，可以提高评价结果的可信度和有效性，帮助评价者更好地了解学生的表现和能力。

3. 能够促进学生的全面发展

综合评价方法将学生的多个方面进行评价，不仅可以反映学生的学科知识水平和课堂表现，还可以考虑到学生的思想品德、社交能力、实践能力等方面的表现，从而促进学生在不同方面的全面发展。

通过综合评价，学生可以更全面地了解自己在不同方面的表现和能力水平，同时也能够更加清晰地认识自己的优劣之处，并在此基础上制定相应的改进措施。例如，在学生参与的一些综合实践活动中，评价者可以针对学生的组织协调能力、创新能力、语言表达能力、沟通协作能力等方面进行评价，让学生意识到在这些领域需要提高自己的能力水平，并制定相应的计划和目标。

此外，综合评价方法还能够让学生更好地理解自己的兴趣特长和发展方向。通过全面了解学生在各方面的表现，评价者可以为学生提供有针对性的建议和指导，帮助学生选择适合自己的发展方向和专业，从而更好地发挥自己的潜力和优势。

4. 能够激发学生的学习动力和积极性

综合评价方法采用了多种评价方式，可以让学生在不同领域都有展示自己的机会，这对于激发学生的学习动力和积极性具有重要意义。通过综合评价，学生可以在学科成绩、课堂表现、综合能力测试等方面进行全面评价，同时也可以考虑到学生的兴趣特长和个人特点，给予学生更多的展示和表现机会[24]。

例如，在综合实践活动中，学生可以选择自己喜欢并擅长的领域开展项目，如科技创新、文艺表演、体育竞赛等。通过这些活动的参与，学生可以更加充分地展示自己的特长和才华，同时也可以锻炼自己的综合能力和团队协作能力，获得更加全面的成长和发展。

另外，综合评价方法还可以借助学校外部资源，为学生提供更丰富的学习和表现机会。学校可以组织学生参加各种大型比赛、文化活动等，让学生有机会接触到更广阔的舞台和挑战自我的机会，激发他们的学习兴趣和自我实现愿望。

5. 能够提高教师的教学效果

综合评价方法可以让教师更加全面地了解每个学生的表现和水平，从而针对性地制定教学计划和教学策略，促进教学效果的提高。通过综合评价，教师可以对学生在不同领域的表现进行全面了解，包括学科成绩、课堂表现、综合能力等方面，同时也可以考虑到学生的兴趣特长和个人特点。

在教学过程中，教师可以根据学生的各种评价数据，制定个性化的教学计划和教学策略，以满足每位学生的不同需求和发展目标。例如，在教授某一学科时，教师可以根据学生的学科成绩和知识掌握情况，为学生量身定制教学计划和授课重点，以便学生更好地理解和掌握知识点；在开展某一项目或综合实践活动时，教师可以根据学生的兴趣特长和团队协作能力，安排学生的角色和任务，以激发学生的积极性和学习热情。

此外，综合评价方法还可以帮助教师更好地了解学生的个人特点和需求，为其提供有针对性的评价和指导。例如，在评价学生在综合能力方面的表现时，教师可以针对学生的领导能力、创新能力、团队协作能力等方面进行评价，并根据评价结果为学生提供相应的培训和指导，以便学生得到更加全面的成长和发展。

（四）综合评价方法的实施步骤

1. 明确评价目标和范围

在实施综合评价之前，需要明确评价的目标和范围，以便为评价过程提供明确的指导和依据。在物理教学中，可以从多个方面进行评价，包括学生的物理知识水平、实验能力、创新能力、思维能力等方面。

（1）物理知识水平。该方面主要评价学生对于物理学科基础知识掌握情况，包括牛顿力学、光学、电动力学、热力学等方面的知识点。这一方面可以通过考试测量法、作业评分法等方式进行评价，以客观反映学生对于物理学科知识点的掌握情况。

（2）实验能力。该方面主要评价学生在实验操作、数据处理、结果分析等方面的表现。这一方面可以采用观察记录法、实验报告评分法等方式进行评价，以全面反映学生的实验能力和实验思维水平。

（3）创新能力。该方面主要评价学生在物理学科中是否具有创新思维和创新能力，如是否具有发现问题、提出假设、设计实验、分析数据等方面的能力。这一方面可以采用课堂教学观察法、专家评估法等方式进行评价。

（4）思维能力。该方面主要评价学生在物理学科中是否具有批判性思维、逻辑思维和创造性思维等方面的能力。这一方面可以采用课堂教学观察法、问卷调查法等方式进行评价。

2. 选择评价方式和指标

根据评价的目标和范围，选择合适的评价方式和评价指标非常重要。在实施综合评价时，可以根据不同的评价目标和范围，选择成绩评价、实验评价、课堂表现评价、参与度评价等方式进行评价，并设置相应的评价指标。

（1）成绩评价是综合评价中最为常见的一种方式，主要用于评价学生在某一学科领域的基础知识掌握情况。该方面的评价指标包括考试成绩、作业成绩等，通过对这些指标的测量和比较，反映学生的学科水平和能力。

（2）实验评价是评价学生实验操作和实验思维能力的一种方式，主要评价学生在实验设计、数据处理和实验报告撰写等方面的表现。该方面的评价指标包括实验报告质量、实验数据分析等，以客观地反映学生在实验能力和实验思维方面的水平。

（3）课堂表现评价是评价学生课堂表现和学习态度的一种方式，主要评价学生在课堂上的参与、提问、思考和回答问题等表现。该方面的评价指标包括课堂参与度、课堂表现等，以反映学生在课堂上的积极性和能动性。

（4）参与度评价是评价学生综合素质和个人能力的一种方式，主要评价学生在团队协作、领导能力、创新能力和沟通能力等方面的表现。该方面的评价指标包括团队协作能力、创新能力、领导能力等，以反映学生在不同方面的综合能力和个人素质。

总之，在选择评价方式和指标时，需要结合具体的评价目标和范围，选择最为适合的评价方式和指标，并在评价过程中注重数据的收集和分析，以保证评价结果的准确性和科学性。同时，评价者还应该注重学生个体差异和特点，在评价过程中给予充分的关注和指导，以激发每位学生的潜力和能力。

3. 收集评价数据

通过不同的评价方式，可以收集到各种类型的评价数据。这些数据包括学科考试成绩、实验报告、学生自我评价和同伴评价、教师评价学生的表现和能力等。

（1）学科考试成绩。学科考试成绩是最为常见的一种评价数据，它反映了学生在某一学科领域的基础知识掌握情况，是对学生学科水平的客观评价。通过分析学科考试成绩，可以反映学生在基本知识领域的强弱点，为针对性地提出教育目标和改进措施提供数据支持。

（2）实验报告。实验报告反映了学生在实验操作和实验思维方面的能力，主要是对学生实验能力和实验思维水平进行综合评价。实验报告中包含的实验设计、数据处理和结果分析等内容，可以反映学生在实验方面的表现和能力水平。

（3）学生自我评价和同伴评价。学生自我评价可以让学生更全面地了解自己的优势和短板，并寻求个人发展和提高的途径；同伴评价则可以反映学生在团队协作、交流沟通等方面的表现，以及其对于团队合作和共同进步的贡献。

（4）教师评价学生的表现和能力。教师评价可以从多个方面入手，包括课堂表现、作业完成情况、参与度、思维能力、创新能力、团队协作能力等，以全面反映学生在不同方面的表现和能力水平。

4. 数据处理和分析

收集到的评价数据需要进行处理和分析，以得出相应的评价结果。在处理和分析数据时，可以使用不同的方法，包括统计学方法、图表分析等。

（1）统计学方法是处理和分析数据最为常用的一种方法之一。通过采用不同的统计学方法，如平均值、标准差、方差、频率分布等，可以对收集到的评价数据进行有效的处理和分析。这些方法可以帮助评价者确定数据的中心趋势、离散度以及数据分布情况等，并对比不同样本之间的差异和联系[39]。

（2）图表分析也是一种常用的数据处理和分析方法。通过使用直方图、折线图、饼图等可视化工具，可以更形象地呈现数据的特征和规律，便于评价者进行数据的解读和比较。这些图表可以显示不同方面的评价指标之间的关系，并且可以根据不同的数据特点和目的，建立不同的图表类型和呈现方式。

除此之外，还可以采用其他方法，如回归分析、因子分析、聚类分析等进行数据处理和分析。这些方法可以通过探究变量之间的关系，提取数据中的主要信息，从而提高评价结果的准确性和可信度。

5. 综合评价结果

将不同评价方式得到的评价结果进行整合和综合，是最终得出综合评价结果的重要步骤。通过对不同方面的评价结果进行汇总和综合，可以全面地了解学生的学习情况、能力水平以及存在的问题等，为进一步制定教学改进措施和个性化辅导计划提供数据支持。

在综合评价中，评价者需要根据不同的评价目标和范围，将不同评价方式得到的数据进行整合和综合。例如，在评价物理学科学生时，可以将成绩评价、实验评价、课堂表现评价、参与度评价等方面的评价结果进行整合和综合，以得出学生在物理学科综合水平的评价结果。

同时，在根据评价结果制定相应的教学改进措施和个性化辅导计划时，评价者需要结合具体情况，采取有针对性的措施。例如，针对学生在某些知识点上存在的薄弱环节，可以进行有针对性的教学辅导；针对学生在实验方面的表现不够理想，可以加强实验教学和实验报告撰写指导等。

此外，评价者还应该注重个性化辅导计划的制定，根据学生个体差异和特点，为每个学生制订有针对性的辅导计划。例如，对于学习成绩比较优秀的学生，可以根据其兴趣爱好和发展方向，提供更加个性化的学习方案和教育资源；对于学习成绩需要提高的学生，则需要加强基础知识的巩固和强化训练等。

6. 反馈和改进

将评价结果及时反馈给学生、家长和教师，是评价过程中非常重要的一步。及时的反馈可以让学生、家长和教师及时了解学生的学习情况、能力水平以及存在的问题等。

在进行评价结果反馈时，评价者需要根据不同的受众群体采用不同的方式和形式进行反馈。例如，对于学生来说，可以采用个人沟通、成绩单、家长会等方式进行反馈；对于家长来说，可以采用电话、邮件、家长会等方式进行反馈；对于教师来说，可以采用班级会议、教改研讨会等方式进行反馈。

除此之外，评价者还应该不断完善和改进评价方式和指标，提高评价的准确性和有效性。通过分析和总结不同评价方式和指标得到的数据，评价者可以发现其中的局限性和问题，并进行相应的优化和改进。例如，针对某些评价指标缺乏客观性和全面性的问题，可以采用多种数据来源和多个评价指标相结合的方式进行评价。

第三节　符合评价视角的物理教学方法设计

在物理教学中，评价是非常重要的一环。为了提高教学效果，需要建立符合目标的评价体系，并探索有效的评价方式。在本节中，将深入研究如何设计符合评价视角的物理教学方法，讨论如何建立符合目标的评价体系，探索有效的评价方式。希望通过本节内容的学习，能够为教师们提供有益的指导，帮助他们设计出更加符合评价视角的物理教学方法，提高学生的学习效果和能力水平。

一、建立符合目标的评价体系

在符合评价视角的物理教学方法设计中，建立符合目标的评价体系是非常关键的一步。评价体系应该能够全面、科学地评价学生的认知、技能和情感等多个方面，并且要与教育目标相匹配，满足不同年龄、学习水平和学科特点的需求。

（一）明确评价目标

评价目标是教育评价的重要组成部分，它应该基于教育目标制定，并具有可实现性和可衡量性。在明确评价目标时，需要考虑到学生的发展需求和学习能力水平，贴近学生的实际情况，以确保评价目标的全面性和科学性。

在确定评价目标时，应该围绕学科内容、认知能力、技能水平、情感态度等方面进行分析。首先，学科内容是评价目标的重要依据之一，评价目标应该与学科内容紧密相关，反映学科的本质特征和核心知识点。其次，评价目标应该涵盖学生的认知能力，包括记忆、理解、应用、分析、综合、评价等方面，这些能力是学生学习和发展的基础。此外，评价目标还应该关注学生的技能水平，如实验操作、实践应用、表达交流等方面，这些技能是学生实际应用知识的重要手段。最后，评价目标也应该关注学生的情感态度，如兴趣、态度、价值观等方面，这些因素可以影响学生的学习动机和自我认知。

评价目标的设定不仅要注重全面性和科学性，还应该注重可操作性和可衡量性。评价目标的可操作性指评价目标应该能够明确具体、清晰易懂地描述出学生需要达到的具体能力和水平，以便后续进行评价指标和评价方式的选择和具体实施。评价目标的可衡量性指评价目标需要可以通过具体的评价指标和方法进行测量，并能够得出客观、可靠的评价结果。这样才能保证评价目标的有效性和准确性。

（二）制定评价标准

评价标准是评价体系中的一个关键组成部分，是对评价目标进一步拓展和细化的具体表现。评价标准需要具备科学合理、量化和描述性等特点，能够清晰地表达评价目标，并且便于评价者进行评价。

在制定评价标准时，需要考虑到不同年龄、学习水平和学科特点的差异。评价标准应该根据不同阶段学生的具体情况进行制定，以确保评价标准的准确性和适用性。例如，在初中物理中，学生的知识掌握程度和实验能力都有所不同，因此评价标准应该针对不同年级和学习水平进行调整，以反映学生的实际水平和发展需求。

同时，评价标准也需要参考其他学科领域的先进经验，借鉴其他学科的评价标准和方法。这样可以更好地促进跨学科交流和合作，提高评价标准的科学性和适用性。例如，在数学学科中，可以将公式运用能力作为评价标准之一，借鉴其量化和描述性相结合的评价方式，从而完善初中物理中的评价标准。

评价标准分为量化和描述性两种类型。量化评价标准可以通过数据和数字进行量化，更加直观、客观，在评价结果的表达和比较上具有优势。例如，在初中物理中，可以通过实验数据的准确性、误差控制能力等指标来度量学生的实验技能水平。而描述性评价标准则需要使用文字和语言描述，能够更全面地反映学生的综合素质和认知能力。例如，在初中物理中，可以通过表述能力、推理能力等方面来评价学生的科学思维水平。

（三）选择评价指标

评价指标是评价体系中最具体的组成部分，是对评价目标和评价标准进一步细化和具体化的具体表现。评价指标应该具备客观性、准确性和可操作性等特点，能够反映学生的学习情况和能力水平，并且要考虑到评价成本和效率等问题。

在选择评价指标时，需要根据评价目标和评价标准进行综合考虑。评价指标应该能够清晰地反映出评价目标和评价标准的内容，同时也需要具有客观性和准确性，以便对学生的能力水平进行准确而公正的评估。此外，评价指标还需要具有可操作性，评价者可以通过具体操作来收集数据和信息，便于评价结果的比较和分析[40]。

在选择评价指标时，可以采用多种方式进行数据收集和分析。例如，可以采用问卷调查、课堂观察、作业测验等方式来获取学生的相关信息和数据。在采用这些方式时，需要注意数据的有效性和可靠性，并结合实际教学情况进行反复实践和改进。例如，在进行课堂观察时，可以结合不同时间段和不同任务进行观察，以便更全面地反映学生的学习情况和能力水平。

在选择评价指标时，还需要考虑到评价成本和效率等问题。评价指标应该具有经济性和高效性，以确保评价过程的顺利进行，并且不会对教学过程产生过大的干扰。例如，在进行作业测验时，可以尽量缩短答题时间，简化题目难度，以提高测试的效率和准确性。

在选择评价指标时，需要综合考虑评价目标和评价标准、数据收集和分析方式、评价成本和效率等多个方面，以便更好地反映学生的学习情况和能力水平。只有这样，才能够实现评价体系的科学性和有效性，为教育教学提供有力的支持和保障。

二、探索有效的评价方式

为了确保物理教学方法的有效性和质量，需要探索符合评价视角的有效评价方式。

（一）多元化的评价方式

在设计符合评价视角的物理教学方法时，应该采用多元化的评价方式。多元化的评价方式可以更全面地反映学生的实际情况和能力水平，避免单一评价方式带来的不足和偏差。例如，在评价学生的物理实验能力时，可以采用课堂观察、实验报告、实验成绩等多种方式进行评价。

1. 课堂观察评价学生的物理实验技能和动手能力

在评价学生的物理实验能力时，采用课堂观察是一种常用的评价方式，通过对学生在课堂上展示的物理实验技能和动手能力进行观察和记录，并根据学生的表现给予相应的评价。这种评价方式可以反映学生的实际操作能力和熟练程度，也可以帮助教师及时发现学生在实验操作中存在的问题和不足，以便及时进行针对性的指导和调整。例如，对学生能否正确使用实验仪器、准确测量物理量、熟练掌握实验步骤等方面进行观察和评价。

2. 实验报告评价学生的实验设计和数据分析能力

除了课堂观察之外，实验报告是另一种常用的评价方式，可以评估学生的实验设计和数据分析能力。学生需要撰写有关实验过程的完整报告，包括实验目的、设计方案、实验步骤、数据处理、结果分析、结论等内容。评价学生的实验能力时，可以针对学生实验报告中的实验设计、数据处理、结果分析等方面进行评价。例如，学生是否具备良好的实验思路、实验设计是否合理、数据处理是否准确、结论是否合理等。

3. 实验成绩反映学生对实验知识的掌握程度和操作技能的熟练程度

实验成绩也是评价学生物理实验能力的一种重要方式。实验成绩是将学生在实验中获得的数据或经过数据处理后得出的结果，与预期结果进行比较并给予评分。这种评价方式可以反映学生对实验知识的掌握程度和操作技能的熟练程度。但在评价时需要注意设置合理的实验指标和评分规则，确保评价结果客观公正。

（二）真实性的评价方式

真实性的评价方式指评价方式要体现真实的学习过程和结果。真实性的评价方式可以更好地反映学生的实际能力和水平，避免因评价方式本身不真实而导致的不公正和误导。例如，在评价学生的物理实验能力时，可以依据实验过程的真实情况进行评价，避免仅仅依赖于实验报告的内容而忽略了实验操作中的问题。

1. 实验过程记录

在实验进行过程中，教师可以对学生的操作情况进行记录和观察。这种评价方式可以更客观地反映学生的实际操作水平，如记录学生在操作实验仪器时是否熟练、能否准确测量物理量等情况。通过对学生的实验操作过程进行详细记录和分析，教师可以更好地了解学生的实验操作能力，进而为学生提供更有针对性的指导和帮助。

2. 现场演示

在实验进行过程中，教师可以要求学生现场演示其实验操作流程，并进行现场评价。这种评价方式可以大大提高评价的真实性，因为教师能够直接观察到学生的实际表现，从而更准确地评价学生的实验能力。在现场演示过程中，教师可以询问学生关于实验的相关问题，以检验其对实验知识的掌握情况，同时还能够及时对学生的错误或不熟练之处进行纠正和指导。

3. 实验分析

除了关注学生的实验操作过程外，还应该关注学生的实验数据处理和结果分析能力。例如，通过对学生实验数据的分析和处理情况进行评价，能够更好地反映学生对物理实验知识的掌握程度和应用能力。在实验分析过程中，教师可以要求学生解释实验结果或数据的意义，并进行思考和推断，以检验其对实验原理和方法的理解程度。

4. 反思评价

在评价学生的实验能力时，还可以要求学生对自己的实验过程进行反思和评价。这种评价方式能够更好地了解学生实验过程中遇到的问题和困难，从而更有针对性地进行指导和帮助。教师可以向学生提出一些开放性的问题，鼓励他们深入思考并反思实验中的经验和教训，从而使学生能够更好地理解实验的原理和方法，并提高其实验能力和创新能力。

（三）反馈性的评价方式

反馈性的评价方式是指在学生学习过程中，及时、准确地对其学习成果进行反馈，以帮助学生发现自身的不足和问题，并及时进行改进和提高。这种评价方式可以更好地促进学生的持续学习和发展，避免因缺乏及时反馈而导致的学习停滞[29]。

在教育领域中，反馈性评价方式主要分为两类：内部评价和外部评价。内部评价通常由教师或同学等教育内部人员进行，着重于为学生提供实时反馈并支持他们的学习进程；外部评价则是由专业机构或认证团体进行的评估，旨在对学生发展水平做全面的评估和认证。

在具体实践中，反馈性评价方式可以采用多种形式，包括口头反馈、书面反馈、个人反思、小组讨论等。此外，在评价学生时，还应该考虑到以下几点。

1. 清晰明确的目标和标准

在反馈性评价过程中，学习目标和标准是非常关键的。教师需要清楚地向学生阐明他们应该达到的标准和目标，以便学生更好地理解并根据反馈意见进行改进。这可以加强学生对自己正在学习的知识和技能的认识，并且有助于学生制定可行的计划和方法来提高自己的表现。

2. 具体明确的反馈内容

反馈应该具有明确的可行性建议，以帮助学生针对问题作出具体的改进。反馈不应该仅仅告诉学生他们做错了什么，而应该给出具体的建议和实施方案。这种反馈方式可以使学生更好地理解问题所在，并且为他们提供一些具体的方法和策略来改善他们的表现。

3. 及时有效的反馈机制

反馈应该尽可能及时给予，以便学生在下一阶段进行改进。此外，反馈应该提供多次机会，并在整个学习周期内与学生保持沟通。这种反馈机制可以帮助学生及时发现问题，并及时纠正，从而达到更好的学习效果。同时，学生可以在整个学习过程中保持对自己表现的了解，并及时调整自己的学习策略和方法[1]。

4. 积极鼓励和支持

教师在提供反馈时应该注重积极性和支持性，鼓励学生继续努力和发展，避免打击学生的自信心和积极性。这种反馈方式可以激励学生，在接受反馈后继续努力提高自己的表现。同时，为了更好地支持学生，教师可以根据学生的实际情况提供一些额外的资源和帮助，以便学生更好地应对挑战和困难。

（四）灵活性的评价方式

灵活性的评价方式是指评价方式应具有适应不同学生和不同情况进行调整和改进的能力。这种评价方式可以更好地适应不同教育环境的需求，并且随着时间的推移和变化进行调整和完善，以保证评价的准确性和有效性。在实践中，灵活性的评价方式主要分为以下几个方面。

1. 综合多样的评价方法

综合多样的评价方法可以帮助教育工作者更好地了解学生的学习状况和表现，从而根据学生的实际情况进行调整和改进。例如，教育工作者可以采用口头反馈、书面反馈、小组讨论等多种方式对学生进行评价，并结合学生的课堂表现和作业来综合评估学生的学习水平。

2. 考虑不同年级和不同课程

不同年级和不同课程的学习目标和标准不同，因此教育工作者需要根据学生不同的年龄和学习阶段进行调整和改进评价方式。例如，在评价学生的物理实验能力时，可以根据学生的年级和不同实验进行灵活调整评价方式和标准，以确保评价的准确性和有效性。

3. 提供个性化的反馈

教育工作者可以根据学生的实际情况提供个性化的反馈，以帮助学生更好地了解自己的学习状况和表现，并针对问题进行改进。例如，在评价学生的阅读能力时，教育工作者可以为每个学生提供不同的反馈意见和建议，以适应不同学生的阅读水平和问题。

4. 持续改进评价方式

评价方式应该是一个持续改进的过程，需要随着时间的推移和变化进行调整和完善。教育工作者可以根据评价效果和学生反馈来调整评价方式和标准，以达到更好的评价效果。

第六章
未来展望

随着科学技术的不断进步和社会的不断发展，物理教学方法也面临着新的挑战和机遇。本书以多维度视角为基础，系统地探讨了认知、社会文化、技术和评价等方面对物理教学方法的影响和应用，旨在为物理教育工作者提供新思路和新方法。本章将展望未来物理教学方法的新发展趋势，并呼吁强化教师专业能力和素养，加强教育实践和实验研究，推动课程改革和创新教育模式的实践。通过不断地深入研究和实践，多维度视角下的物理教学方法将不断完善，为培养更多优秀物理人才作出重要贡献。

第一节 物理教学方法的新发展趋势

一、科技创新对物理教学方法的影响

随着科技的快速发展，物理教学方法也在不断地更新换代。科技创新对物理教学方法的影响是多方面的、深远的。本小节将从数字化教育资源、虚拟实验技术和人工智能技术三个方面分析科技创新对物理教学方法的影响，并探讨其未来发展趋势。通过这些分析，我们可以更好地把握科技创新带来的机遇和挑战，推动物理教学方法的创新和优化。

（一）数字化教育资源的广泛应用给物理教学带来了很多便利

互联网的普及和数字化技术的快速发展，让教育资源的获取和共享变得更加容易。现在我们可以通过网络平台获得全球范围内的优质教育资源，这为物理教学提供了更多的选择和可能。同时，数字化教育资源还可以使物理教学更加个性化、灵活化，满足不同学生的需要[41]。

1. 数字化教育资源的特点和在物理教学中的应用

数字化教育资源是指通过数字技术手段创造和利用的各种教育资源，包括课件、PPT、视频、音频等多种形式。数字化教育资源具有多样性和可定制性的特点，可以根据不同学生的需求和水平进行定制，使物理教学更加个性化、灵活化。在物理教学中，数字化教育资源可以通过在线教育平台、电子图书馆等途径获得，为教师提供了更多的教学资源选择，能够有效地支持课堂授课和学生自主学习。

2. 数字化教育资源对物理教学产生的积极影响

数字化教育资源能够为物理教学提供更多选择和可能，让教师更好地设计和

组织教学活动。例如，教师可以通过网络平台获取全球范围内的优质教育资源，让学生了解不同国家和地区的物理研究成果和应用案例，从而拓宽学生的视野。此外，数字化教育资源还可以为物理教学提供更加直观、生动的教学材料，使物理知识更加易于理解和掌握。数字化教育资源还可以为学生提供自主学习的机会，让学生在不同时间、地点进行学习，充分发挥学生的学习积极性和主动性。

3. 未来数字化教育资源的趋势是多元化和智能化

随着人工智能技术的发展，数字化教育资源将更加注重个性化、精细化的应用，打造智能化的学习环境和服务体系。智能化学习系统可以通过数据分析和机器学习等手段，对学生的学习行为进行监测和分析，并根据学生的兴趣和特点推荐相应的学习资源和活动，提高学习效率和质量。数字化教育资源还将趋向多元化，包括虚拟实验、在线竞赛、科普视频等多种形式。数字化教育资源的作用将逐渐由"辅助"转变为"主导"，成为未来物理教学中不可或缺的一部分。

（二）虚拟实验技术的引入也推动了物理教学的创新和升级

虚拟实验技术可以模拟真实的实验环境和过程，大大降低了实验教学的成本和风险。在虚拟实验室中，学生可以自由探索、实验和观察，从而深入理解物理知识和规律。虚拟实验技术还可以打破时间、空间的限制，让学生随时随地进行实验学习。

1. 虚拟实验技术的特点和在物理教学中的应用

虚拟实验技术是一种利用计算机软件、仿真设备等手段模拟真实实验室场景和过程的技术。虚拟实验技术具有高度还原真实性的特点，可以完整地重现真实实验室中的操作步骤和实验结果，给学生提供沉浸式的学习体验。在物理教学中，虚拟实验可以帮助学生观察和分析一些难以直接观察的物理现象，如微观粒子运动、弱光线信号等。

2. 虚拟实验技术对物理教学的积极影响

虚拟实验技术可以打破时间、空间的限制，让学生可以随时随地进行实验学习。同时，虚拟实验技术还可以大幅降低实验教学的成本和风险。例如，一些贵重的物理仪器和设备可以通过虚拟实验进行模拟，避免了实验过程中可能的危险和损坏风险。虚拟实验还可以让学生更加自由探索、实验和观察，从而深入理解物理知识和规律。

3. 未来虚拟实验技术的趋势是个性化和互动化

随着虚拟现实、增强现实等技术的发展，虚拟实验将更加注重个性化和互动化的应用，打造更加真实、生动的实验环境和体验。例如，虚拟实验可以根据学生的兴趣和水平定制具有挑战性和启发性的实验，激发学生对物理学科的兴趣和热情。虚拟实验还可以支持多人互动、协作学习，培养学生的团队合作精神和创新能力。未来，虚拟实验技术还可以与其他技术如人工智能等融合运用，进一步提升其个性化和互动化的特点，为物理教育带来更加广阔的发展前景。

（三）人工智能技术的应用也为物理教学带来了新的思路和方法

人工智能技术可以通过数据分析和机器学习等手段，对学生的学习行为进行监测和分析，并给出精准的评价和反馈。这不仅可以帮助教师更好地指导学生学习，还可以让学生更自主、更高效地学习物理知识。此外，人工智能技术还可以支持个性化教育、智能化组织和管理等方面的创新[42]。

1. 人工智能技术的特点和在物理教学中的应用

人工智能技术是一种模拟人类智能的技术，具有高度智能化、自适应性和精准性的特点。在物理教学中，人工智能技术可以通过大数据分析和机器学习等手段，监控和分析学生的学习行为和成果，并基于此提供个性化、精准的评价和反馈。这些评价和反馈可以帮助教师更好地指导学生学习，并帮助学生自主、高效地学习物理知识。

2. 人工智能技术对物理教学的积极影响

人工智能技术可以支持个性化教育、智能化组织和管理等方面的创新，提高教育质量和效率。例如，人工智能技术可以根据学生的兴趣、能力和学习历史数据，定制个性化的学习计划和教学方案，让学生根据自己的特点进行学习。同时，人工智能技术还可以帮助教育管理者更好地了解学生的学习情况和需求，以便更好地组织和管理物理教学。

3. 未来人工智能技术的趋势是多元化和协同化

随着人工智能技术的发展，其应用范围将更加广泛，涉及多个层面和领域。在物理教学中，人工智能技术可以与虚拟实验技术、数字化教育资源等其他技术协同运用，搭建智能化的物理学科学习系统和平台。这些系统和平台可以支持多人协同学习、互动交流等功能，提高学习效果和质量。未来，人工智能技术的趋势是多元化和协同化，将会有更加多样化的应用场景和更加丰富的应用方式。

二、新形势下物理教育的发展趋势

（一）以学生为中心

未来物理教育的趋势是将学生放在学习的中心，按照学生需求和能力制定个性化的学习计划和教学方案。这种以学生为中心的教学模式旨在激发学生的学习兴趣、自主性和创造力，提高他们的学习效果和成就感。

1. 根据学生的学习需求和能力制定个性化的学习计划

未来物理教育将更注重学生的个性化需求，以学生为中心，根据每位学生的学习需求和能力制定个性化的学习计划。这样的教育模式可以让学生根据自己的节奏进行学习，充分发挥自己的潜力和特长，同时提高他们的学习效果和成就感。针对不同层次的学生，教育者将提供不同难度的练习和作业，以满足学生的学习需求。

2. 提供多样化的教学方式和教材

未来物理教育将提供多样化的教学方式和教材，包括网络课程、在线教学平台等，让学生可以按照自己的喜好和兴趣进行选择。这种教育模式可以吸引更多的学生参与到物理学习中来，同时提高他们的学习兴趣和动力。此外，教育者将提供多种形式的教材，如视频、动画、游戏等，让学生能够在有趣的环境中进行学习，从而更好地掌握物理知识和技能。

3. 引导学生发挥自主性和创造力

未来物理教育将引导学生发挥自主性和创造力，让他们自由探索和发展。这种教育模式强调启发式学习和探究式学习等方式，鼓励学生参与各种实验和研究项目，从实践中不断探索和发现新的知识点和技能。这样的教育模式可以激发学生的学习兴趣和动力，培养他们的创造力和解决问题的能力。

4. 提供个性化的评估和反馈机制

未来物理教育将提供个性化的评估和反馈机制，为学生提供准确的学习进度和成果反馈。这种教育模式可以让学生清楚自己的学习情况，并及时调整学习计划。同时，教育者还将引导学生从自我评估、同伴评估和教师评估等多个方面进行学习效果的评估，让学生逐渐发展出良好的自我认知能力和自我管理能力，从而更好地实现自己的学习目标。

（二）多元化的学习方式和媒介

随着数字技术的发展，未来物理教育将逐渐摒弃单一的课堂教学方式，转向多元化的学习方式和媒介。这种教育模式将更加注重学生的自主性和个性化需求，同时提高学生的兴趣和参与度，以达到更好的教学效果。

未来物理教育将采取的多元化学习方式和媒介包括以下内容。

1. 在线学习平台

未来物理教育将采用在线学习平台，为学生提供灵活的学习方式。学生可以在任何时间、任何地点进行学习，并且通过网络平台与其他学生和教师进行互动交流和答疑。这种教育模式可以扩大教育资源的覆盖范围，提高教学效率和效果，同时也适合需要灵活安排学习时间和地点的学生。

2. 自主选题研究

未来物理教育将引入自主选题研究，鼓励学生根据自己的兴趣和特长选择研究方向，并在指导教师的帮助下进行深入研究。这种教育模式可以激发学生的创新和探索精神，提高他们的自主学习能力和创造力。同时，自主选题研究也可以让学生更好地了解物理学的应用和实际价值，增强他们对物理学的兴趣和热情。

3. 学生实验室

未来物理教育将建立学生实验室，让学生能够亲身参与到物理实验中来，深入理解物理原理，并且掌握实验技能和方法。学生实验室还可以培养学生的团队合作能力和实践操作能力，提高他们的综合素质和竞争力。通过实验室的实践性学习，学生可以更好地巩固课堂知识，并且更容易理解和应用物理学的知识。

4. 游戏化和互动化的学习方式

未来物理教育将引入游戏化和互动化的学习方式，如虚拟实验、教育游戏等。这种教育模式可以让学生在轻松有趣的环境中进行学习，增强他们的学习兴趣和参与度。游戏化和互动化的学习方式可以让学生更好地理解和应用物理学知识，同时也可以提高他们的解决问题能力和创新思维。这种教育模式适合于那些喜欢游戏和交互的学生，可以激发学生的学习热情，提高学习效果[43]。

（三）教育科技的应用

随着科技的不断发展，教育科技在物理教学中的应用将越加广泛和深入。未来物理教育将更注重个性化教学和多样化学习体验，通过利用人工智能、大数据、虚拟和增强现实等新兴技术，提供更具互动性和趣味性的教育形式。

教育科技在物理教学中的应用包括以下方面。

1. 人工智能辅助评估和精准教学

人工智能（AI）技术可以对学生进行精准评估，通过收集学生学习的多方面数据，如考试成绩、作业完成情况、在线课堂表现等信息，为每个学生制定个性化的学习计划和教学方案。AI 技术还可以根据学生的个性化需求和能力，自动调整教学内容和进度，从而更好地满足学生的学习需求。此外，AI 技术还可以在物理学习中与学生进行互动，提供实时反馈和指导，促进学生的深入理解和掌握物理知识。

2. 大数据分析和管理

随着数字化和信息化的发展，物理教育在教学过程中产生的数据和信息量也越来越大。利用大数据技术，可以对学生学习过程中的数据进行分析和管理，从而更好地了解学生的学习情况，并对其进行个性化指导和辅助教学[44]。此外，大数据技术还可以为物理教育提供更完善的教学资源，如通过分析学生的学习行为和偏好，推荐适合学生的学习内容和资源，从而提高学生的学习效果和参与度。

3. 虚拟实验和场景模拟

虚拟现实（VR）和增强现实（AR）技术可以为物理教学提供更加真实的物理实验和场景模拟，让学生能够更加直观地感受物理原理和规律。例如，通过 VR 技术，学生可以在虚拟实验室中模拟各种物理实验，亲身体验探究物理知识的过程；通过 AR 技术，学生可以在现实环境中观察和体验各种物理现象，增强学生的理解和记忆。这些新兴技术极大地丰富了物理教学的形式和内容，提高了学生的学习兴趣和参与度。

4. 网络课程和在线教学平台

利用网络课程和在线教学平台，可以为物理教学提供更加便捷和灵活的学习方式。学生可以在任何时间、任何地点进行网络课程的学习，并通过在线教学平台进行互动交流和答疑。这种教学模式还可以充分利用信息技术的优势，如音视频、图像和动画等多媒体手段，使学生更加直观地理解物理知识和技能。

5. 移动化学习

移动化学习是指学生利用移动设备（如手机、平板电脑）进行学习的一种方式。随着智能手机和平板电脑的普及，移动化学习在物理教育中的应用越来越广泛。学生可以通过移动设备随时随地进行学习，如观看视频课程、阅读电子书籍、完成作业等。此外，移动化学习还可以提供丰富的学习资源和工具，如在线计算器、实验模拟软件等，方便学生进行物理实践和探究。

6. 互动式教学和游戏化学习

互动式教学和游戏化学习是一种寓教于乐的教学方式，通过各种互动形式和游戏机制，激发学生的参与性和兴趣。例如，可以设计物理学习游戏或竞赛，让学生在游戏中学习并获得成就感和奖励，从而促进学生的学习积极性和自我激励能力。此外，互动式教学还可以增强师生之间的互动和沟通，促进知识传递和共享。

（四）团队合作与实践

未来物理教育将更加注重团队合作和实践，通过项目实践等方式，让学生在实际问题中探究物理学知识，并培养学生的综合能力和创新精神。这种教育模式强调学生的主动性和创造性，促进学生的自我发展和成长。

未来物理教育注重团队合作和实践方面的具体措施包括以下方面。

1. 项目实践

在物理教育中，通过项目实践的方式，让学生针对某一具体问题或需求，由学生组成小组，在指导教师的帮助下，开展实践性、探究性的项目活动。这种教育模式可以激发学生的创新和探索精神，增强学生的动手能力和运用物理知识解决实际问题的能力[45]。例如，设计一个水流能量转换器，让学生探究水流能量如何被转换为电能，并通过实验验证其效果；设计一个太阳能光伏板，让学生了解光伏效应的原理和应用，并通过实际制作和测试来体验其中的难点和技巧。

2. 团队协作学习

在团队协作学习中，学生在小组内进行合作学习，共同完成学习任务，相互交流和合作。在物理教育中，引入团队协作学习，可以让学生在协作中相互学习和帮助，提高团队合作和社交能力。此外，团队协作学习还可以促进学生的多元化思考和创新能力，通过各自不同的角度和专长，共同解决问题，并通过互相讨论和交流，提高自己的物理素养和知识水平。例如，可以组织学生分组进行物理实验和观察活动，让学生相互协作和分工，在实验和观察过程中相互帮助和探讨。

3. 实验室实践

在实验室实践中，学生在实验室中进行物理实验和观察活动，从而深入了解物理原理和规律。在物理教育中，可以设计各种实验和观察活动，让学生亲身参与到物理实验中来，掌握实验技能和方法，并通过实验数据分析和总结，提高学生的科学素养和实验研究能力。例如，在机械实验中，可以让学生了解杆、轴等刚体运动的基本规律，并通过实验测量，验证其运动规律的正确性；在电学实验中，可以让学生学习安培定律、欧姆定律等电学定律，并通过实验验证这些定律的正确性。

4. 竞赛活动

竞赛活动是一种鼓励学生发挥个人才能和团队协作精神的比赛形式。在物理教育中，可以组织各种物理竞赛活动，如物理模拟竞赛、物理科普演讲比赛等，让学生在竞争中锻炼自己的能力并丰富自己的知识。这种教育模式不仅可以提高学生的思维能力和实践能力，同时也可以增强学生的自信心和竞争意识。例如，在物理模拟竞赛中，学生需要运用物理原理和计算机技术，设计并实现一个具有一定物理意义的模型；在物理科普演讲比赛中，学生需要通过讲解物理概念和实例来传播物理知识和文化。

5. 社会实践

社会实践是指学生通过参与社区、企业或科研机构的实践活动，了解实际问题和需求，并进行探究和创新。在物理教育中，可以引入各种社会实践活动，如参观物理实验室、调研物理应用领域等，让学生深入了解物理实践中的具体应用和发展趋势，提高学生的实践能力和创新精神。例如，在参观物理实验室时，学生可以了解最新的物理研究成果和实验技术，感受物理科研的氛围和魅力；在调研物理应用领域时，学生可以了解物理应用的前沿技术和市场需求，掌握物理知识在实际应用中的价值和意义。

（五）社会需求的变化

随着社会的发展和经济结构的变化，未来物理教育需要更加贴近社会需求，关注环境保护和可持续发展等方面，开设相关的物理课程和实践项目，培养具有社会责任感和创新意识的物理人才，为社会提供更多、更好的物理人才资源。

未来物理教育需要贴近社会需求的具体措施包括以下内容。

1. 环境保护和可持续发展课程

未来物理教育应开设与环境保护和可持续发展相关的物理课程。这些课程可以从物理学角度讲解能源利用、废物处理、大气污染、水资源利用等方面，并通过案例分析等方式，引导学生了解各种环境问题的本质和应对方法。例如，可以介绍太阳能、风能等可再生能源的原理和应用，探讨化石能源的使用对环境的影响，以及如何使用物理技术来减少污染和提高资源利用效率等内容。此外，还可以关注全球气候变化等重大环境问题，让学生了解科学家们的研究成果和应对策略。

2. 绿色能源实践项目

绿色能源实践项目是一种以绿色能源为主题的实践项目，让学生深入了解绿色能源的原理和应用，设计制作绿色能源装置，并进行实验验证。通过这种实践项目，学生可以锻炼自己的动手能力和实践能力，也可以了解绿色能源的实际应用和发展趋势。例如，可以要求学生设计制作太阳能电池板或者风力发电机，并通过实验验证其能量转换效率和适用性。此外，还可以引导学生了解绿色能源技术在现代化工业中的应用，了解国内外绿色能源技术发展的最新动态。

3. 制造业环境监测项目

制造业环境监测项目是一种以制造业环境污染为主题的实践项目，让学生深入了解制造业环境污染的原理和应对方法，并设计制作环境监控装置并进行实验验证。通过这种实践项目，学生可以锻炼自己的动手能力和实践能力，也可以了解制造业环境污染治理的实际应用和发展趋势。例如，可以要求学生设计制作污染物检测仪器，监测不同类型的废气、废水等污染物质的浓度和排放情况，并比较不同治理技术的效果。此外，还可以引导学生了解工业污染治理技术的现状和未来发展方向，了解国内外相关政策法规和标准制定过程。

4. 工业节能减排课程

工业节能减排课程是一种以工业节能减排为主题的物理课程，讲述各种节能减排技术的原理和应用，并通过案例分析等方式，引导学生了解工业节能减排的本质和应对方法。例如，可以介绍如何利用先进制造技术、智能控制系统等手段实现工业生产过程中的能源高效利用和废气废水减排，以及如何采用环保材料和设计思想来提高产品性能和降低环境影响等内容。此外，还可以关注新兴技术领域，比如人工智能、大数据等如何运用于能源管理和环境保护。

5. 社会实践项目

社会实践项目是一种以社会需求为主题的实践项目，让学生深入了解社会问题和需求，通过探究和创新，提出具有实际意义和应用价值的解决方案。这些项目通常涉及到物理学的知识和技能，如电子电路的设计、机械结构的优化、光学仪器的研发等。例如，学生可以选择参与某个社会组织或企业的科技创新项目，为其提供物理学方面的专业支持和服务。此外，还可以组织学生参与各种公益活动，如植树造林、环境保护宣传等，用物理学知识和技能为社会作出贡献。

第二节　面向未来的多维度物理教学方法研究展望

随着信息技术和教育技术的快速发展，未来物理教学方法将不断面临新的挑战和机遇。多维度的物理教学方法将成为未来的主要趋势，需要探索更加符合现代学生学习需求的多元化、创新性的教学方式。在未来的研究中，应该注重跨界合作与协同创新，探索既能够提高学生学习效果，同时也适应社会、经济、科技等方面的发展需求的物理教学方法[46]。此外，教师专业能力和素养的提高、教育实践和实验研究的深入开展以及课程改革和创新教育模式的推广实践等方面也需要倾注更多心力。这样，才能进一步推动未来物理教学方法的不断创新和发展，使其更好地服务于学生的学习需求和社会的发展需求。

一、多元化物理教学设计的探索

（一）个性化教学设计

1. 科技进步助推个性化教学设计

未来的物理教学将越来越注重个体差异，针对不同学生的特点和需求进行个性化教学设计。这一趋势主要得益于科技的发展，如人工智能、数据挖掘等技术手段的应用，以及新的教育理念和方法的涌现。

（1）未来的物理教学将会更多地运用定制化学习资源。基于大数据和人工智能等技术，教师可以根据学生的学习数据和历史表现，为每个学生提供个性化的学习资源和推荐，以满足他们的不同需求和兴趣。例如，在线学习系统可以根据学生的学习情况自动调整难度和题型，或者通过机器学习分析学生的表现，提供即时反馈和建议。这样，学生可以根据自己的实际情况和需求，获得更加精准、有效的学习支持。

（2）未来的物理教学也将更加注重为学生设置不同的学习路线。个体差异的存在意味着学生在各个方面都具有不同的需求和优势。因此，未来的物理教育将提供更加多样和灵活的学习方式，以满足不同学生的需求和发展。例如，在线学习系统可以根据学生的学习目标和兴趣，为他们提供多样化的课程选择和学习路径，或者通过自主学习模式，让学生根据自己的节奏、时间和地点进行学习。

2. 个性化教学设计对于未来的物理教育具有重要的意义和价值

（1）个性化教学可以更好地激发学生的学习兴趣和积极性。在传统的教学模式中，学生常常面临相似的试题和教材内容，导致学习效果欠佳。而通过个性化教学，每个学生都可以根据自己的学习需求和特点获得定制化的教育资源和支持，从而更好地适应学习环境和提高学习效果。

（2）个性化教学可以帮助学生更好地发掘自身潜能和优势。随着教育模式的变革，未来的物理教育将更加关注学生的个性化发展和全面素质提升。通过个性化教学，学生可以根据自己的兴趣和特点选择学习内容和方向，从而更好地发掘自身的潜能和优势，提高综合素质和职业竞争力。

（3）个性化教学可以为未来的物理教育创造更多的可能性和价值。随着技术的不断进步和教育理念的不断变革，未来的物理教育将呈现出更加多样和灵活的面貌。通过个性化教育设计和实践，我们可以挖掘更多未知的教育潜力和可能性，并将其应用到具体的教学工作中。

3. 实现个性化教育的方法

未来的物理教育需要更加注重个性化教育设计和实践，以满足不同学生的需求和发展，提高学习效果和综合素质。实现个性化教育可以通过以下这些具体方法。

（1）建立个性化教育诊断机制。个性化教育诊断机制是实现物理教育个性化教学的第一步，其主要目的是收集、分析学生的学习数据和历史表现，确定学生的学习特点和需求，为学生制定个性化的教育方案。这个过程可以通过多种方式来实现，如测评、调查、测试等，这些方法可以从不同的角度评估学生的能力和优势。在评估过程中，需要考虑到不同学生的个性差异，避免一刀切的教育模式。

（2）探索多样化的教育模式。传统的物理教育大多采用讲授式教学，但是随着新时代学生的发展和需求的变化，需要探索更加多样化的教育模式。互动式教学、探究式教学、案例式教学等，这些教育模式具有强的实践性和创造性，可以激发学生的学习兴趣和积极性，提高学生的学习效果和综合素质。

（3）运用智能化技术。未来的物理教育需要借助智能化技术，如人工智能、大数据、机器学习等，进行个性化教育支持和辅助。例如，使用智能化教育系统可以根据学生的学习情况和需求，为他们提供定制化的学习资源和推荐；通过自主学习平台和在线辅导服务，让学生在任何时间和地点进行学习。

（4）加强教师专业能力和素养。实现物理教育个性化教学的关键是教师的专业能力和素养。未来的物理教育需要加强教师对个性化教育的认知和理解，提高其掌握智能化技术和多样化教育模式的能力和素养。除此之外，教师也需要具备丰富的知识储备和实践经验，以更好地满足不同学生的教育需求。

（5）建立良好的教育环境。未来的物理教育需要建立一个良好的教育环境，以支持个性化教育的落地。这包括建设智能化教育平台和资源库、优化教学管理和监督机制、加强与家长的互动和合作等。建立良好的教育环境可以增强学生学习的愉悦度，提高学习效率，同时也有助于加强家校之间的沟通和协作。

（二）多元化教学策略

在未来的物理教学中，为了更好地提高学生的学习兴趣和积极性，教师需要运用更多元化的教学策略。

1. 游戏化教学

游戏化教学是一个将游戏设计原则和机制与教学相结合的教育策略，其目的是通过游戏化的形式来激发学生的兴趣和积极性，促进学生的学习和发展。在物理教育中，教师可以利用各种游戏形式，如角色扮演、模拟实验、竞赛等，让学生体验到学习的乐趣和成就感，从而提高他们的学习动力和效果。

在物理实验教学中，教师可以设计虚拟实验室的游戏，让学生进行虚拟实验，并根据实验结果分析问题，从中学习相关的物理知识。

（1）教师可以设计一个虚拟实验室游戏，让学生使用电脑或平板电脑进行操作。游戏中需要模拟一个真实的物理实验场景，如摆动周期的测量、牛顿定律的验证等。

（2）学生需要根据实验的指导完成实验，并记录实验数据。在实验过程中，他们要注意实验条件、操作步骤和实验数据的准确性。

（3）学生需要分析实验数据并回答与实验相关的问题。例如，他们需要计算实验结果以验证物理定律是否正确，并解释不同参数之间的关系。教师也可以设置一些探究性的问题，鼓励学生自主思考和发现。

（4）学生可以通过这个游戏学习到物理实验的基础知识，加深对物理理论的理解，并提高实验技能和数据分析能力。同时，虚拟实验室游戏还可以激发学生的兴趣和好奇心，使学习变得更加有趣和生动。

2. 探究式学习

探究式学习是一种基于问题和探究的学习方式，通过提出问题、探究和解决问题来促进学生的学习和发展。在物理教育中，教师可以利用探究式学习的方法，让学生主动参与学习过程，从而激发他们的学习兴趣和积极性。

在热学教学中，教师可以让学生探究不同材料的导热性能、热膨胀系数等，以提高学生的观察力和实验技能。

（1）教师可以讲解不同材料的导热性能和热膨胀系数的概念和作用。例如，讲解金属和非金属的导热性能差异以及热膨胀系数对工程设计的影响。

（2）教师可以为学生准备一些材料样品，并要求他们进行实验测量。例如，教师可以准备铝、钢、玻璃、塑料等材料的样品，让学生使用热导仪器或定温法实验装置测量它们的导热性能。

（3）学生需要分析实验数据并回答与实验相关的问题。例如，他们需要根据实验结果比较不同材料的导热性能大小关系，并解释其中的原因。此外，教师还可以设置一些探究性的问题，鼓励学生自主思考和发现，例如，如何改进某些材料的导热性能。

（4）学生可以通过这个实验学习到不同材料的导热性能和热膨胀系数的实际应用，加深对物理概念的理解，并提高实验技能和数据分析能力。同时，这种教育策略还可以培养学生的观察力和实验设计能力，使学习变得更加有趣和生动。

3. 案例教学

案例教学是一种通过分享和分析真实或虚构的案例来促进学生思维和分析能力的教育策略，其目的是启发学生的创新和思考能力。在物理教育中，教师可以利用案例教学的方法，让学生了解物理知识在实际生活中的应用和意义，从而提高他们的学习兴趣和积极性[3]。

在电学教学中，教师可以分享一些真实的电器故障案例，并让学生分析其中涉及的电学知识和原理。

（1）教师可以分享一些真实的电器故障案例，如家用电器、汽车电路、电视等设备的故障情况。教师可以通过图片、视频或现场演示等方式，向学生展示这些案例。

（2）学生需要分析这些案例中涉及的电学知识和原理。例如，当一台空调出现故障时，学生可以根据故障现象和电路图，推测问题可能出现在哪个部件上，并介绍该部件的功能和作用。此外，学生还可以根据故障原因，进一步讨论电器设计中应该注意哪些电学原理和规范。

（3）教师可以引导学生进行讨论和思考，提出解决方法和改进措施。例如，学生可以根据电路的特点和元件的特性，设计一些电路实验来验证他们的想法并寻找解决方案。

（4）学生可以通过这个教育策略学习到电学知识的实际应用，加深对电气设备工作原理的理解，并提高分析问题和解决问题的能力。同时，教师可以根据学生的反馈和表现，对教育策略进行调整和优化，提高教学效果。

（三）新型教育工具的应用

随着科技的发展，未来的物理教育将会采用更多种类的教育工具，如虚拟现实技术、增强现实技术、人工智能等。这些新兴技术可以帮助学生更加深入地理解物理概念，提高学习效率。

1. 虚拟现实技术在物理教育中的应用

虚拟现实（VR）技术是一种计算机技术，可以为用户创造出一种仿真的虚拟环境。在物理教育中，运用虚拟现实技术可以打破传统教学的局限性，使学生可以在虚拟的物理环境中体验和学习物理现象。例如，利用虚拟现实技术，学生可以在没有物理实验室的情况下进行物理实验操作。虚拟实验室还可以通过数据可视化和实时反馈，帮助学生更好地理解和掌握物理规律和原理。

2. 增强现实技术在物理教育中的应用

增强现实（AR）技术是一种将虚拟信息叠加到真实世界的技术。在物理教育中，通过增强现实技术，可以为学生创造出一种更加直观、互动的物理学习环境。例如，学生可以使用手机或平板电脑扫描 AR 标记，然后在屏幕上看到虚拟的物理模型或物体，并可以随意旋转和放大。这样的功能极大地方便了学生对于三维物理概念的理解以及实验设计。

3. 人工智能技术在物理教育中的应用

人工智能（AI）技术是一种计算机程序，可以从大量数据中学习和发现规律，并自动执行某些任务。在物理教育中，人工智能技术可以用于辅助教学和个性化学习。例如，学生可以通过人工智能技术进行自适应学习，即根据学生的学习情况和需求，智能地推荐学习内容、方法和题目。这不仅可以提高学生的学习效率，同时也能够满足不同学生的个性化需求。

4. 在线教育平台的应用与优势

随着互联网技术的发展，在线教育平台正在成为物理教育的一种新趋势。通过在线教育平台，学生可以随时随地进行学习，根据自己的时间和进度进行学习规划。同时，教师也可以利用在线教育平台进行课程设计和知识传授，实现线上互动和学生在线问答等课堂活动。

5. 再造教育推广物理教育变革

再造教育（REMAKE）是一种新型的教育方法，旨在将科技与教育相结合，通过快速原型制作、共同工作、跨学科交流等方式，实现知识的创新应用和共享。利用再造教育的思路，物理教育可以更好地融入现实生活中，实现与其他学科的交叉和融合[19]。例如，利用 3D 打印和建模技术，可以让学生参与到物理模型的制作和测试中；利用无人机、机器人等智能设备，可以帮助学生更深入地了解机械原理和控制系统。通过这种方式，物理教育不仅可以提高学生的学习效率和兴趣，同时也能够培养他们的创新思维和团队合作精神。

二、跨界合作与协同创新

跨界合作与协同创新是本章介绍的未来物理教学方法研究的另一趋势，可以在多个领域、行业和社会组织之间进行合作和协同创新，以探索更加有效的物理教学方法和工具。具体来讲，跨界合作与协同创新在以下方面可以发挥重要作用。

（一）跨学科合作

未来的物理教育将与其他学科融合，以创造更有成效的学习体验。这种跨学科整合和交叉融合可以激发学生的创造力和创新思维，同时也可以加强不同学科之间的联系和互动，提高学生的学科综合素质。

1. 物理与数学学科的融合

物理和数学是密切相关的学科，二者互为补充。在未来的物理教育中，可以将物理知识和数学知识进行深入整合，帮助学生更好地理解物理现象和规律。例如，在学习电磁学时，可以引入向量分析、微积分等数学工具，深入剖析电场和磁场的数学本质；在学习力学时，可以运用微分方程、波动方程等数学工具，更加深入地掌握力学原理和应用。

2. 物理与化学学科的融合

物理和化学是两个相互依存的学科，二者互为支撑。在未来的物理教育中，可以将物理和化学知识进行深层次的整合，探究物理和化学之间的联系和互动。例如，在学习量子力学时，可以引入原子结构和分子结构等化学知识，从化学角度深入探讨量子现象的本质；在学习热力学和统计力学时，可以运用化学反应、物质转化等化学概念，深入掌握物理过程中的化学变化和能量转化。

3. 物理与艺术学科的融合

物理和艺术是两个看似相反但实际上有着紧密联系的学科。在未来的物理教育中，可以将物理知识和艺术元素进行创新性整合，打造出更富有创意和想象力的物理学习体验。例如，在学习光学时，可以利用艺术手段制作出精美的光学仪器模型，并通过表演、展示等方式展现光学现象的美感；在学习声学时，可以利用音乐元素和声音效果等艺术手段，增强学生对于声波传播和共振特性的感性理解。

4. 物理与社会科学的融合

物理和社会科学是两个看似毫无关系但实际上有着深刻联系的学科。在未来的物理教育中，可以将物理知识和社会科学元素进行跨界整合，帮助学生更好地了解物理现象对于社会的影响和作用。例如，在学习能源和环境问题时，可以引入社会经济、政治等社会科学概念，深入探讨能源利用与环境保护之间的关系；在学习宇宙学和天文学时，可以通过历史、文化等角度，深入掌握宇宙和人类文明之间的关系。

（二）跨行业合作

物理学是关于物质的科学，研究物质运动、能量传递和相互作用等方面的规律。随着社会的发展和科技的进步，物理学不仅在基础研究领域中发挥重要作用，还在各个应用领域得到了广泛的应用。因此，通过与其他应用领域进行跨界合作，可以深入探索物理在实际应用场景中的应用，并将这些应用场景运用到物理学习中，推动物理教育的发展[47]。

1. 工程领域

工程设计涉及机械、电子、材料等多个专业领域，在其中物理学起着关键性作用。也就是说，物理知识是工程设计的基础和核心。因此，物理教学方法研究可以与工程领域进行跨界合作，以引导学生将所学的物理知识应用到工程设计当中。例如，可以开设工程设计课程，引导学生利用物理知识解决具体的实际问题，加强学生的实践能力和应用能力。

2. 医学领域

医学影像学是通过物理手段获取人体内部结构及其病变情况的科学，其中包括射线学、核医学和超声诊断等多个技术和方法。因此，物理教学方法研究可以与医学领域进行跨界合作，将物理知识与医学影像学相结合，深入研究物理在医学中的应用。例如，可以开设医学物理学课程，介绍物理学在医学中的基本原理和应用，增强学生对物理学的兴趣和探索精神。

3. 文化遗产保护领域

文化遗产保护需要利用物理学知识和技术手段进行物质分析、保护与修复等工作，以保护文化遗产的完整性和价值。因此，物理教学方法研究可以与文化遗产保护领域进行跨界合作，将物理知识和技术手段应用到文化遗产保护当中。例如，可以开设物理学与文化遗产保护课程，介绍物理学在文化遗产保护中的应用和意义，培养学生的文化遗产保护意识和能力。

（三）跨社会组织合作

跨界合作是不同领域、行业和社会组织之间共同合作的一种形式，旨在通过分享资源和知识，解决复杂问题、推动创新和促进发展。在物理教学方法研究中，跨界合作可以带来许多优势和机会，如拓宽视野、增强实践能力、提高学习效果等。下面重点探讨不同社会组织之间跨界合作在物理教学方法研究中的应用和意义。

1. 企业是一种充满创新活力的组织形式

随着科技的发展和市场的需求，企业需要不断创新和改进产品和服务，并借助先进技术和管理理念实现这些目标。而物理教育则需要通过创新教学方法和工具，提高学生的学习效果和实践能力。因此，物理教学方法研究可以与企业进行跨界合作，共同研究物理教育的创新和改进方法。例如，可以邀请企业专家到校进行技术交流和培训，或者与企业合作开发物理教育教学软件和硬件等，从而为物理教育注入新的思维和技术元素，提高学生的物理应用能力。

2. 非营利组织是一种重要的社会组织形式

非营利组织通常致力于社会公益事业，如教育、环境保护、健康等领域，在这些领域中有着丰富的经验和资源。与此同时，物理教育在提高学生科学素养、推进现代教育改革等方面也具有重要作用。因此，物理教学方法研究可以与非营利组织进行跨界合作，共同探索物理教育的发展和创新方法。例如，可以与教育基金会合作，开展物理教师培训和课程设计等方面的项目；或者与环保组织合作，开展物理实践活动，拓展学生对自然环境的认知和关注度。

3. 政府机构是另一种重要的社会组织形式

政府在教育领域中扮演着重要角色，为学校和教师提供财政支持和政策指导，促进教育的公平发展和优质提升。而物理教育则需要不断改进和发展，以适应社会和市场的需求。因此，物理教学方法研究可以与政府机构进行跨界合作，共同推进物理教育的改革和发展。例如，可以与教育部门合作，制定物理教育教学标准和评估体系；或者与财政部门合作，增加物理教育课程和设施的投资，丰富教学资源和改善环境等。

（四）合作方式与实现

1. 联合研究团队推动物理教育创新发展

在物理教学方法研究中，成立跨行业、跨领域的联合研究团队是一种常见的跨界合作模式。通过不同领域、行业和专业的专家共同研究物理教育问题，可以拓宽视野、融合经验、提高创新能力，推动物理教育的创新和发展。

联合研究团队可以由多个组织或机构共同组建，包括大学、企业、非营利组织等。其中，大学通常扮演着主导角色，负责组织和协调各方面的工作，如研究计划的制定、实验室设施的提供、学术交流的组织等。

通过联合研究团队的跨界合作，物理教育可以引入更多来自其他领域的思路和技术手段。例如，与生物学、化学、计算机科学等其他学科的专家合作，可以探索将这些学科中的知识和技术应用到物理教育中；与工程、医学、文化遗产保护等领域的专家合作，可以深入研究物理在实际应用场景中的应用，并将这些应用场景运用到物理学习中。

2. 融合专家力量跨界合作推动物理教育改革

在物理教育教学改革和教师培训方面，也可以借助跨界合作的方式，引入来自其他学科和行业的专家进行跨界交流和合作，从而为物理教育注入新思维和新方法。

例如，在物理教师培训中，可以邀请其他学科的专家，如心理学、教育学、社会学等，进行交流和合作。这样可以促进不同学科领域之间的相互了解和交流，增强教师的多元思考能力和创新能力。此外，还可以邀请企业和非营利组织的专家，分享他们在物理应用领域的实践经验和技术手段，帮助教师更好地将物理知识与实际应用相结合。

3. 互联网公司与物理教育

在数字化时代，互联网技术已经成为教育领域中不可或缺的一部分。因此，与互联网技术公司合作，开发在线教育平台和数字化工具，为物理教学提供更多的数字化资源和支持，是一种非常有效的跨界合作方式。

可以与在线教育公司合作，开发物理教育课程和实验项目，提供在线互动教学平台，为学生提供多种形式的物理学习体验。同时，可以与数字化工具开发公司合作，开发针对物理学习的数字化工具和资源，如虚拟实验室、模拟软件等，帮助学生更好地学习和掌握物理知识。

通过与互联网技术公司的跨界合作，可以将先进的数字化技术和工具应用到物理教育中，提高物理教学的质量和效果。同时，也可以促进科技与教育领域的深度融合，带动数字化创新和产业升级。

4. 跨越国界的物理教育

在全球化的背景下，物理教育也需要进行国际化的发展。因此，利用国际性组织和项目，加强国际合作，是非常重要的跨界合作方式。

例如，国际物理奥林匹克是一个非常有影响力的物理教育组织，每年都会举办一次国际物理竞赛。通过参加这样的国际性竞赛，学生可以接触到来自全球各地的物理学习者和专家，增强跨文化交流和合作的能力。此外，还可以利用国际性教育数据联盟等项目，进行教育数据的共享和分析，了解不同国家和地区的物理教育状况和趋势，为物理教育改革提供参考和支持。

通过国际合作，物理教育可以获得更多的国际资源和支持，在全球范围内推广和发展物理教育方法和工具，促进物理学习者的全球化视野和跨文化交流。

第三节　对未来物理教学方法实践的建议和启示

在未来物理教学方法实践方面，我们应该加强教师的专业能力和素养，推动教师参加专业培训和进修学习，提高整个物理教学团队的素质和水平。此外，教师也应积极参与实践活动和教育科研项目，加强自身的教学实践能力和创新能力，并借鉴其他领域的经验和思路，为物理教学方法的创新注入新的元素和思想。同时，教育机构应该建立符合实际情况和需求的教师评价体系，通过对教师的评估和优化，提高整个物理教学团队的素质和水平。教师应该关注自身的职业生涯规划和发展方向，积极参加教育行业的活动和交流，扩大人脉和资源，不断提升自己的综合素质和实践能力。这样，我们才能够更好地适应未来物理教学的发展趋势和需求，推动物理教育事业的不断发展和进步。

一、强化教师专业能力和素养

（一）提高教师对物理教学方法研究的认识和了解程度

教师在物理教学中应该加强对物理教学方法的研究背景、意义和发展趋势等方面的了解，以提高对不同视角下物理教学方法的认知和理解。

1. 教师需要了解物理教学方法的研究背景

物理教育学科是一个长期发展的领域，具有丰富的历史积淀和实践经验。为了更好地掌握物理教学方法，教师需要了解其发展历程、相关研究成果和理论基础等方面的背景知识。这样可以帮助教师更好地理解和掌握物理教学方法的本质特征、基本原则和适用范围，从而根据不同的教学情境进行差异化教学。

2. 教师需要了解物理教学方法的意义

物理教学方法是指通过各种手段和途径，帮助学生更好地理解和掌握物理知识和技能的过程。教师需要深刻认识到物理教学方法对于学生学习和发展的重要性，并在实际教学中注重方法的运用，以提高教育教学效果[48]。同时，物理教学也可以激发学生的学习兴趣，促进学生的思维发展，提高学生的创新能力和实践能力，对于学生未来的职业发展和社会参与具有重要的意义。

3. 教师还需要了解物理教学方法的发展趋势

随着时代的变迁和科技的进步，物理教学方法也在不断地发生着变化和创新。教师需要关注最新的物理教学方法和技术手段，了解它们的特点和优势，并尝试将其应用于实际教学中。同时，教师也应该认识到物理教学方法的发展是一个不断演进的过程，需要不断地适应时代的需求和学生的变化，以满足学生的学习需求和教育教学的要求。

4. 教师需要提高对不同视角下物理教学方法的认知和理解

不同学科领域和不同教育文化背景下物理教学方法的特点和使用规律也会有所不同。因此，教师需要关注不同视角下物理教学方法的比较和分析，从而更好地理解和掌握物理教学方法的本质特征和使用规律。这样才能够更好地实现教育教学目标，提高学生的综合素质，为学生未来的发展打下坚实的基础。

（二）推动教师专业培训和职业发展

教育机构和政府应该加大对物理教学方法领域的投入，推动教师参加专业培训和进修学习，以提升教师的专业能力和素养。

1. 教育机构和政府需要加大对物理教学方法领域的投入

物理教学方法是教育教学中至关重要的一部分，因此教育机构和政府需要加大对该领域的投入，包括加强对物理教学方法研究的支持、改善教学设施和资源，提高教学效果。同时，需要鼓励教师开展创新性教学活动，不断探索适合本地教学特点的物理教学方法。这样可以为学生提供更好的教育服务。

2. 教育机构和政府需要推动教师参加专业培训和进修学习

物理教学方法是一个不断发展和变化的领域，因此教育机构和政府需要为教师提供更多的学习机会和平台，如组织学科培训班、邀请专家举办讲座等。通过这些方式，可以让教师接触到最新的物理教学方法和技术手段，了解国内外优秀的案例和实践经验，并从中汲取灵感和启示。这样可以在一定程度上提高教师的专业水平和素养，为学生提供更好的教育服务。

3. 教育机构和政府应该鼓励教师参与教研活动

教研活动是教师发展和提高教学效果的重要途径之一，因此教育机构和政府需要鼓励教师参与教研活动。这包括组织不同学校、不同地区的教师开展合作性研究，共同探索适合本地教育特点的物理教学方法。通过教研活动，可以让教师之间相互交流、分享经验，发现和解决具体问题，并从中得到实践锤炼和成长。

4. 教育机构和政府需要建立健全的物理教学方法评估和监管机制

为了保证教学质量和教学效果，教育机构和政府需要建立健全的物理教学方法评估和监管机制。这意味着需要对物理教学方法进行科学评价，同时对教师的教学质量进行监管和指导，确保其符合国家和地方规定的教学标准和要求。这样可以提高教学质量和教育水平，为学生提供更好的教育服务。

（三）加强教师实践能力和创新能力

教师是教育教学中的关键力量，其质量和能力直接影响着教育教学的效果和成果。而物理教学方法作为物理教育学科中至关重要的一个领域，也需要教师不断地进行实践活动和教育科研项目的参与，以加强自身的教学实践能力和创新能力[49]。

1. 积极参与实践活动深入了解物理教学方法

作为教育教学中的关键力量，教师需要不断地加强自身的教学实践能力和创新能力。其中，教师积极参与实践活动是非常重要的一部分。通过探究性学习、实验研究等方式，教师可以深入了解物理教学方法的本质特征和使用规律，同时也让教师更好地了解学生的学习需求和特点，为教学提供更好的服务。例如，可以组织学生参与各种物理实验和探究性学习活动，培养学生的实践能力和创新意识。这样，教师可以更好地了解学生的学习情况，并根据学生的需求进行针对性教学。

2. 积极参与教育科研项目探索适合本地教育特点的物理教学方法

除了积极参与实践活动之外，教育科研项目也是教师加强自身教学实践能力和创新能力的一个途径。教师可以开展研究性教学活动，探索适合本地教育特点的物理教学方法。例如，可以开展纵向或横向的教育科研项目，针对某些教学难点和问题进行深入研究，探索有效的解决方法，并将其应用于实际教学中。这样可以提高教师对物理教学方法的认知和理解，同时也增强教师的创新精神和能力。

3. 借鉴其他领域经验为物理教学方法创新注入新元素和思想

除了积极参与实践活动和教育科研项目之外，教师还应该借鉴其他领域的经验和思路，为物理教学方法的创新注入新的元素和思想。例如，可以借鉴现代教育技术、心理学等领域的理论和实践经验，将其应用于物理教育教学中，以提高教学效果和质量。这样可以让教师拥有更全面的视野，从而更好地满足学生的需求和期望。

（四）建立有效的教师评价体系

教育机构是教师职业发展和素质提升的重要场所，教师评价体系也是教育机构责任范畴内的一个重要问题。因此，建立符合实际情况和需求的教师评价体系，对于提高整个物理教学团队的素质和水平具有非常重要的作用。

1. 教育机构应注重评价体系的科学性和客观性

教育机构在建立教师评价体系时，应注重评价体系的科学性和客观性。评价体系应采用定量和定性相结合的方式，以评估教师的教学业绩、教学质量、教学能力等多个方面，从而更全面地了解教师的教学状态和效果。评价指标和方法应根据科学原理和研究成果制定，以确保评价结果具有可靠、准确、客观的特点。同时，评价体系也应激励教师的教学热情和创新意识，促进其不断提升自身的教学水平和素养。

2. 教育机构应注重评价体系的针对性和差异化

教育机构在制定评价体系时，也应注意体系的针对性和差异化。评价体系不能简单地一刀切，而应根据不同教师的特点和需求分别进行评估和优化。例如，针对不同年龄段学生的特点，初中教师和高中教师的评价指标和方式应有所不同。评价体系的针对性和差异化，能更好地发现教师的优劣之处，并针对性地提出改进方案，同时也能让教师有一个清晰的发展方向和目标。

3. 教育机构应注重评价体系的可操作性和时效性

教育机构在制定评价体系时，还应注重体系的可操作性和时效性。评价体系应具有一定的可操作性，让被评价者清楚地了解自己当前的教学状态和存在的问题，并能通过相应的改进措施进行优化。评价结果应真正反映教师的教学水平和效果，以提高整个物理教学团队的素质和水平，为学生的发展和未来打下坚实的基础。同时，评价体系也应灵活适应教育教学的变革和发展，不断更新和完善。

4. 教育机构应注重评价体系的持续性和完善性

教育机构在建立评价体系时，应考虑到评价体系的持续性和完善性。评价体系应是一个动态的过程，随着教育教学的发展和变化，不断调整和完善。同时，评价体系也应是一个持续性的过程，不仅是单次的评估和优化，而应长期规划和实施，为教师的成长和发展提供有效的支持和保障。此外，评价体系还应与教师职业发展规划相衔接，形成一个完整的教师职业发展支持体系。

（五）促进教师自我发展和成长

作为教育行业的重要组成部分，教师的职业生涯规划和发展方向对于个人和整个行业都具有非常重要的意义。教师应该积极关注自身的职业生涯规划和发展方向，不断扩大人脉和资源，提升自己的综合素质和实践能力。

1. 制定职业生涯规划

教师作为从事教育行业的专业人士，职业生涯规划对于个人和整个行业都具有重要的意义。制定职业生涯规划是教师在事业发展中必不可少的一环。在制定职业生涯规划时，教师需要明确自己的长期和短期目标，同时考虑到自身的实际情况，包括专业领域、个人兴趣爱好、工作经验等因素。然后根据这些因素，制定出符合自己能力和发展方向的规划方案，并将其拆分为可操作性的具体计划和措施。这样，教师就可以清晰地了解自己当前的状态和未来发展的方向，更好地规划和推进自己的职业生涯。

2. 积极参加教育行业的活动和交流

教师应该积极参加教育行业的各种活动和交流，以扩大人脉和资源，增强自己的专业知识和技能。教育行业中存在着许多学术会议、研讨会、讲座等活动，教师可以通过参加这些活动，与同行进行深入交流，了解最新的教育研究成果和理论知识，拓宽自己的视野和思路。此外，积极参加行业内的组织和社团，也能够扩大人脉和资源，为自己的职业发展打下坚实的基础。同时，教师还可以通过组建教学团队、开展共同研究等方式，促进个人和团队的发展和提高。

3. 不断提升自身的综合素质和实践能力

教师应该注重提升自身的综合素质和实践能力，在工作中不断丰富和提升自己的专业技能和教学方法。教师需要具备扎实的学科知识、专业技能和教学方法，同时还需要具备一定的管理能力、沟通能力和创新能力等。因此，教师可以通过参加培训、进修、自学等方式，持续提升自身的知识水平和实践能力，以满足日益增长的职业要求和市场需求。与此同时，教师还需要不断地探索和运用新技术、新方法、新理念，不断创新教学方式和手段，提高自己的实践能力和适应能力。

4. 关注职业生涯规划的实际效果

教师制定职业生涯规划后，还需要关注其实际效果，并根据实际情况进行调整和完善。在职业生涯发展中，教师需要时刻关注自身的成长和进步，及时反思和评估自己的职业生涯规划，检查自己的目标是否合理，计划是否实用，措施是否有效，并根据反馈结果进行调整和优化。同时，教师还需要对未来的行业发展趋势进行前瞻性的思考和预测，以便及时调整自己的职业生涯规划和发展方向[50]。要做到这一点，教师需要不断地了解和研究行业新动态、新趋势，包括政策法规、课程体系、教学方法等方面的变化和更新，以及未来可能出现的新问题和挑战。只有这样，教师才能在职业生涯中始终处于领先地位，不断提高自己的竞争力和市场价值。

二、加强教育实践和实验研究

（一）提高教师的实践能力和素养

教师作为教育教学中的重要主体，其实践经验和能力的提高对于学生的学习效果具有直接的影响。因此，教师需要通过参加各种实践活动和项目，不断提高自己的实践能力和素养，进而提高教学效果。将从实践活动和项目两个方面分别探讨教师如何提高自己的实践能力和素养。

1. 参加实践活动

参加实践活动是提高教师实践能力和素养的重要途径。实践活动包括教学观摩、教学研讨、教学实验和教学比赛等多种形式。通过这些活动，教师可以向他人借鉴和学习优秀的教学经验，认识到自己存在的不足和问题，加以改进。同时，教师也可以将自己的经验与他人分享，借此提高自己的教学能力和素养。

（1）教学观摩。教学观摩可以帮助教师了解其他教师的教学方法和技巧，吸收他们的教学思路和理念。同时，教学观摩也可以帮助教师发现自己的不足和问题，并在实践中不断改进自己的教学方法和技能。

（2）教学研讨。教学研讨可以帮助教师认识到教学中的难点和瓶颈问题，分享和交流解决方案和经验。教学研讨还可以帮助教师了解最新的教育教学理论和实践，从而更好地指导自己的教学实践。

（3）教学实验和教学比赛。教学实验可以帮助教师探索教学新方法和新技术，提高自己的创新能力和实践能力。教学比赛可以促使教师更加认真地准备教学活动，发挥自己的创造力和想象力，同时也可以在比赛中认识到自己的不足和问题，并加以改进。

2. 参加实践项目

参加实践项目是提高教师实践能力和素养的另一个重要途径。实践项目包括课程设计、教育科研、教育技术应用等多个方面。通过参加实践项目，教师可以深入探究教育教学的本质和特点，提高自己的教学水平和教育教学理论素养。

（1）课程设计。课程设计可以帮助教师深入了解课程目标、内容和教学方法，并在实践中不断改进自己的课程设计能力。同时，课程设计还可以帮助教师提高自己的创新能力和实践能力，开发出更加符合学生需求和特点的课程。

（2）教育科研。教育科研可以帮助教师深入探究教育教学的本质和特点，了解最新的教育教学理论和实践，并将其应用到自己的教学中。教育科研还可以促使教师进行系统的思考和研究，提高自己的理论素养和实践能力。

（3）教育技术应用。随着信息技术的不断发展和应用，教育技术已成为教学中不可或缺的一部分。参加教育技术应用项目可以帮助教师了解最新的教育技术，掌握教学中的电子化和网络化技术，提高自己的信息素养和实践能力。

（二）加强实验教学的建设和研究

实验教学在物理学科中扮演着重要的角色，可以帮助学生更好地理解和掌握理论知识，同时也可以培养学生的实践能力和科学思维。但是，由于实验设备、实验环境等因素的限制，许多学校在实验教学方面存在不少问题[51]。因此，需要加强实验教学的建设和研究，探索创新的实验教学模式和方法，提高实验教学的效果。

为了加强实验教学的建设和研究，需要从以下几个方面入手。

1. 实验设备和实验环境的建设

学校应该积极投入资金，购买先进的实验设备和器材，以提供更好的实验环境，使学生能够更好地理解理论知识，掌握实际操作技能。购买先进的实验设备和器材可以大大提高实验的效率和精度，同时也能够增加学生的实践经验和技能水平。

除了设备和器材外，学校还应该注重实验室的建设和管理，确保实验室环境的安全和整洁。实验室的建设要求布局合理、设备完备、通风、明亮，有良好的供水和排水系统，以确保实验室环境的安全和卫生。此外，还需要设立实验室管理制度，包括实验室使用规定、设备维护保养等，以确保实验设备的正常使用和管理。

2. 实验教学的创新模式

传统的实验教学模式已经无法满足现代学生的需求，因此需要探索创新的实验教学模式。例如，引入虚拟实验技术，通过计算机模拟实验过程，让学生在虚拟环境中进行实验操作。这种方式可以避免实验设备的磨损和故障，同时也可以增加实验的可重复性。

另外，可以采用项目式学习的方式进行实验教学。项目式学习注重学生的自主学习和合作学习，让学生通过团队合作完成一个项目，以解决实际问题。这种方式可以培养学生的实际操作能力和解决问题的能力，同时也可以增加学生的兴趣和参与度。

还可以采用探究式学习的方式进行实验教学，让学生自主探究、发现实验规律和结论。这种方式可以提高学生的自主学习和思考能力，同时也可以增加学生对实验的理解和掌握。

3. 实验教学的互动性

实验教学应该注重互动性，让学生在实验过程中积极参与，发挥自己的创造性和想象力。

（1）可以在实验过程中设置小组讨论环节，让学生分享自己的观察和分析结果，促进彼此之间的交流和思想碰撞。这种方式可以激发学生的探究兴趣和创造力，同时也可以增加学生对实验的理解和掌握。

（2）可以引入互动式实验教学设备，例如，通过交互式多媒体教学系统、互动投影仪等设备，将实验内容呈现在学生面前，让学生通过实验演示或模拟操作进行互动体验。这种方式可以增加学生对实验操作的参与度和兴趣度，提高学生的实验能力。

（3）可以采用探究式学习的方式进行实验教学，让学生自主探究、发现实验规律和结论。这种方式可以激发学生的思维和创造力，培养学生的实际操作能力和解决问题的能力，同时也可以增加学生对实验的理解和掌握。

4. 实验教学的评价方法

传统的实验教学评价方法通常只是对学生进行实验报告的评分，但这种方式无法全面评价学生的实验能力。因此，需要探索更加全面的评价方法，以评价学生的实验能力和科学思维能力。

（1）可以结合学生的实验报告和实验操作过程的观察，综合评价学生的实验能力和科学思维能力。这种方式可以更全面地评价学生的实验能力和掌握实验知识的能力。

（2）可以采用互评和自评的方式进行评价。学生可以相互评价实验报告和实验操作，或者进行自我评价，这种方式可以激发学生的学习兴趣和自我探究精神。

（3）可以采用项目式学习的方式进行评价，以解决实际问题。这种方式可以综合评价学生的实际操作能力、解决问题的能力和团队合作能力，更加全面地评价学生的实验能力。

（三）推动教育技术的应用和创新

随着信息技术的迅速发展，各种新型教育技术层出不穷。这些技术可以为物理教学带来更多的可能性，使学生更易于理解抽象概念和复杂的物理理论，提高他们的学习效果。因此，需要加强教育技术的应用和创新，积极探索各种新型教育技术在物理教学中的应用，以促进物理教育的发展。

1. 虚拟现实技术在物理教学中的应用

虚拟现实（VR）技术是一种全新的交互式体验方式，可以模拟出现实场景，使用户有身临其境的感觉。在物理教学中，VR 技术可以将学生带入虚拟实验室，通过模拟实验的方式，让学生亲身体验实验，深入理解物理原理[52]。例如，学生可以通过 VR 技术模拟天体物理学的实验，观察星系的形成和演化，这可以帮助学生更好地理解天体物理学的理论知识；VR 技术还可以在物理课堂上播放物理现象的模拟演示，如地球的自转、日食、月食等，从而增强学生的视觉体验，提高学生对物理现象的理解。

2. 人工智能技术在物理教学中的应用

人工智能（AI）技术是一种可以自主学习和提高的技术，它可以根据学生的学习情况，自动调整教学策略，提供个性化的学习体验。在物理教学中，AI 技术可以根据学生的学习特点和水平，提供不同的学习内容和方法，帮助学生更好地理解物理理论。例如，AI 技术可以根据学生的学习进度和反馈，调整难度和方式，提供更适合学生的学习内容，使学生更容易掌握物理知识。

3. 增强现实技术在物理教学中的应用

增强现实（AR）技术是一种将虚拟信息与现实场景结合的技术，可以在现实场景中增加虚拟信息，为用户提供更加丰富的学习体验。在物理教学中，AR技术可以将物理知识和现实场景结合起来，使学生更好地理解物理知识。例如，学生可以在实验室中使用AR技术，在实验器材上扫描二维码或使用AR应用程序，就可以看到虚拟的物理实验过程，从而更好地理解物理实验的原理和过程；AR技术还可以用于物理模型的展示，如使用AR技术在学生面前呈现三维模型，使学生可以更直观地了解物理模型的结构和原理。

4. 在线学习平台在物理教学中的应用

在线学习平台是指通过网络技术提供在线学习服务的平台，包括视频课程、在线测试、讨论社区等。在物理教学中，在线学习平台可以提供丰富的物理学习资源，帮助学生更加全面地了解物理知识；学生可以通过在线学习平台观看专业的物理课程视频，听取知名教授的授课，从而获得更深入的物理学知识；在线学习平台还可以提供在线测试和课程作业，帮助学生巩固所学知识。

（四）加强教育研究和评估

教育研究和评估是提高教学质量的重要手段。通过研究和评估，可以深入了解学生的学习需求和教学效果，及时调整教学策略和方法，提高教学效果和学生学习质量。同时，教育研究和评估也为教学实践提供科学的理论支撑和指导，帮助教师提高教学能力和水平[14]。

1. 教育研究是提高教学质量的重要手段

教育研究是对教育现象和问题进行系统研究和探讨的过程。其目的是揭示教育事实和规律，以便提高教学质量和效果。教育研究包括对教育的各个方面进行研究，如学生学习行为、教师教学方法、教育政策等。

教育研究对于提高教学质量和效果非常重要。

（1）教育研究可以帮助教师了解学生的认知特点、学习需求和兴趣爱好。了解学生的这些特点可以帮助教师更好地设计教学活动和课程内容，使得教学更加贴近学生的实际需求，从而提高学生的学习兴趣和积极性。

（2）教育研究可以帮助教师分析和解决教学中的问题。通过研究和分析教育问题，教师可以更好地理解教育现象和规律，找出教学中存在的问题并提出解决方案。这有助于提高教学质量和效果，并为教师的职业发展提供更好的支持。

（3）教育研究对于教育政策的制定和实施也有着重要的作用。通过对教育现象和问题的研究，政策制定者可以更好地理解教育的发展趋势和需要，制定更加科学合理的教育政策，从而提高整个教育系统的质量和效果。

2. 教育评估也是提高教学质量的重要手段

教育评估是对教育质量、教育效果和教育成果进行全面、系统、科学的评价和分析，以提高教学质量和效果。教育评估可以帮助教师了解学生的学习成果和学习质量，以及教学活动和课程内容的有效性和可行性。通过教育评估，教师可以及时发现教学中存在的问题，并进行调整和改进，以提高教学质量和效果。

为了加强教育研究和评估，需要提高研究的科学性和实用性。首先，教育研究和评估应该基于科学理论和方法，遵循科学规律和科学精神。其次，教育研究和评估应该注重实证研究，以数据和事实为基础，进行全面、系统、科学的分析和评价。此外，教育研究和评估还应该注重实用性，即研究和评估结果应该具有可操作性和可实施性，能够为教学实践提供具体的指导和建议。

同时，需要注意的是，教育研究和评估并非一成不变的方法和理论，需要不断适应教育事业和教学需求的发展变化，不断进行创新和改进。例如，当前随着信息技术的不断发展，教育研究和评估也可以借助各种数据分析工具和教育技术手段，提高研究和评估的效率和准确性。

三、推动课程改革和创新教育模式的实践

（一）开展课程改革

未来物理教学方法的实践需要注重对物理教育课程的改革和更新，以确保课程内容与时俱进并满足学生的需求。这个目标可以从以下几个方面进行改革。

1. 物理教育应该将理论知识与实践教学相结合

教师可以采用多种教学方法，如课堂讲授、实验演示、案例分析、科技实践等，帮助学生掌握物理知识，并在实践中培养学生的实践能力和创新能力。这种教学方法可以让学生更加深入地理解物理知识，同时也能激发学生的学习兴趣和创新思维。

2. 开展差异化教育满足学生需求

物理教育应该开展针对不同学生群体的差异化教育，以满足不同学生的需求。教师可以根据学生的兴趣、学习能力、认知水平和文化背景等因素，采用不同的教学方法和教学内容，实现教学的个性化和差异化。例如，对于具有一定物理基础的学生，可以开设针对性强、深度适当的物理课程，以加深学生的物理知识和能力；而对于初学者，可以开设浅显易懂的物理课程，以帮助学生建立起对物理的初步认识。

3. 进行国际化、综合化和交叉化教育开拓学生视野

物理教育应该加强课程的国际化、综合化和交叉化，让学生更好地了解世界和社会。教师可以通过增加国际化课程、开展跨学科合作等方式，扩展学生的视野和知识面。例如，可以通过教授热力学、量子力学等课程，让学生了解当代物理学领域的最新研究成果；可以开展与经济学、社会学等学科的合作课程，让学生了解物理学在社会和经济领域的应用。

（二）推动创新教育模式的实践

未来物理教学方法的实践需要加强创新教育模式的实践，打破传统的教学模式，采用更加灵活和多样化的教学模式。

1. 采用项目式教学法

这种教学法可以让学生在解决具体问题的过程中，运用物理知识和技能，培养实践和创新能力。教师可以设计不同的物理项目，如搭建物理实验室、设计物理模型、编写物理计算软件等，让学生积极参与到项目中，从而提高学生的学习兴趣和学习动力。此外，采用项目式教学法还可以帮助学生加深对物理知识的理解和掌握，提高解决实际问题的能力。

2. 开展以学生为中心的教学模式

这种教学模式注重发挥学生的主体性和自主学习能力，让学生通过自主探究和研究，建立知识框架和解决问题的思维模式。在这种教学模式下，教师的角色是指导和促进学生的学习，而不是简单地传授知识。例如，可以采用探究性学习、协作学习、问题解决等教学方法，培养学生的独立思考和团队合作能力。

3. 采用在线教育和远程教学等新兴的教学方式

随着科技的发展，物理教育也逐渐向着线上教育和远程教育方向发展。这种教学方式可以拓宽教育的边界，打破地域限制，让更多的学生能够接受优质的物理教育。例如，可以通过网络课程、视频教学、在线实验等方式，将物理知识传递到世界各地的学生中。同时，这种教学方式还可以提高教师的教学效率和学生的学习体验，加强教育的全球化和国际化[53]。

（三）强化教师的专业能力和素养

随着科技和社会的发展，未来物理教学方法将会越来越重视教师的专业能力和素养的培养。这意味着未来的物理教师不仅需要拥有扎实的物理理论知识和丰富的教学经验，还需要具备跨学科、多元思维和创新意识等综合素质，以适应未来教育发展的需求。

1. 未来物理教师需要具备扎实的物理理论知识

物理理论知识在物理教学中具有重要作用。未来的物理教师需要深入掌握物理学科的基础和核心知识，包括力学、热学、光学、电磁学、量子力学等方面。这些知识是教师进行教学的基础，只有深厚的理论基础，才能够更好地解释物理现象，为学生提供全面的知识体系。此外，未来的物理教师还需要不断更新自己的知识，跟上物理学科的最新进展。教师可以通过参加学术研讨会、阅读最新的物理学术论文、加入学术社群等方式不断拓展自己的知识面，不断提高自己的教学水平。

2. 未来物理教师需要具备丰富的教学经验

丰富的教学经验对于未来的物理教师来说也是非常重要的。教学经验可以帮助教师更好地掌握教学方法和技巧，提高教学质量和效果。

（1）实习。未来的物理教师可以通过实习的方式积累教学经验。在实习期间，教师可以观察和参与教学，了解不同教学环境下的教学方法和技巧，从而提高自己的教学水平。

（2）实验。未来的物理教师可以通过实验来积累教学经验。在实验过程中，教师需要解释物理现象和实验结果，这可以帮助教师更好地理解物理知识，并提高教学效果。

（3）参与课堂教学。未来的物理教师可以参与其他教师的课堂教学，观察和学习其他教师的教学方法和技巧，从而拓展自己的教学思路。

3. 跨学科、多元思维和创新意识是未来物理教师必备的综合素质

随着科技的不断发展和教育的不断变革，未来的物理教师需要具备跨学科、多元思维和创新意识等综合素质，才能够更好地适应新的教育环境，为学生提供更好的教育服务。

（1）在跨学科的背景下，未来的物理教师需要具备其他学科的基础知识，如数学、化学、生物、地理等，能够将物理知识与其他学科的知识进行融合，创造出新的教学方法和思路。例如，可以将物理与数学相结合，教授向量和运动学；将物理与化学相结合，教授热力学和光学；将物理与生物相结合，教授生物物理学和医学物理学等。这样的教学方法不仅能够增强学生对物理知识的理解和应用，还能够培养学生跨学科思维的能力。

（2）未来的物理教师需要具备多元思维能力，能够用多种方式来解决问题，培养学生的综合素质。例如，在教授物理实验的时候，可以采用探究性学习的方法，让学生自己设计实验并观察实验结果，这样不仅能够增强学生的实验操作能力，还能够培养学生的探究精神和创造力。

（3）未来的物理教师需要具备创新意识，能够不断探索新的教学方法和技巧，以适应不断变化的教育需求。例如，可以利用现代化技术手段，如虚拟实验、互动教学软件等，来帮助学生更好地理解物理知识。同时，还可以组织学生参加科技竞赛、科学实验等活动，激发学生的科学热情和创新能力。

4. 注重教师的教育培训和职业发展，激发其教学热情和创新能力

（1）教育培训对未来物理教师的重要性。未来的物理教师需要不断接受教育培训，以更新教学思路和方法，提高教学能力和水平。这一点对于任何教师都非常重要，因为教育是一个不断发展和进步的领域，教学方法和技巧也在不断更新和改进。因此，教育培训是非常必要的，可以帮助教师了解最新的教学方法和技术，以便更好地教授学生。

教育培训可以提高教师的专业知识和技能，使他们更加熟悉课程和教学标准，更好地满足学生的需求。通过教育培训，教师还可以学习如何在课堂上应对

不同类型的学生，如学习困难、多元文化和特殊需求的学生。此外，教育培训还可以帮助教师了解如何评估和评价学生的学习成果，以便更好地制定教学计划和教学策略。

因此，未来的物理教师应该充分认识到教育培训的重要性，并积极参加各种形式的培训和学习机会。这可以帮助他们不断提高自己的教学能力和水平，更好地满足学生的需求和教学要求。

（2）职业发展对未来物理教师的影响。未来的物理教师需要不断提高自己的教学热情和创新能力，以便更好地激发学生的学习兴趣和积极性。为了实现这一目标，需要提供职业发展机会，以便教师能够不断发展自己的教学技能和知识，实现自己的职业成长。

职业发展可以帮助教师更好地了解自己的职业发展路径和方向，了解自己的职业目标和愿景，并实现这些目标。职业发展还可以帮助教师在职业上更加自信，提高他们的职业地位和收入水平。

未来的物理教师需要注意，职业发展需要持续不断地学习和进步，需要不断发展自己的专业技能和知识，同时也需要建立良好的职业关系和网络。

参 考 文 献

[1] 蒋鑫. 美国基础教育信息化发展与变革研究（1958—2018）[D]. 福州：福建师范大学，2021.

[2] 王帆. 推动实践与创新创业能力培养 [M]. 昆明：云南大学出版社：云南大学本科教学改革探索与实践系列，2021.

[3] 苟晓玲. 理性观照下的教学经验研究 [D]. 长沙：湖南师范大学，2021.

[4] 北京市教育委员会，北京高等教育学会教材工作研究会. 构建高等教育教材建设体系，提高高等教育教学与人才培养质量 [M]. 北京：中国人民大学出版社，2015.

[5] 沈霞娟. 促进大学生深度学习的混合学习设计研究 [D]. 西安：陕西师范大学，2021.

[6] 刘哲雨. 深度学习的探索之路 [M]. 天津：南开大学出版社："多媒体画面语言学" 研究系列丛书，2018.

[7] 何秋琳，张立春. 视觉学习研究进展 [J]. 开放教育研究，2011，17（4）：23-33.

[8] 孙延华. 项目式教学模式在高中物理教学中的应用研究 [D]. 西宁：青海师范大学，2022.

[9] 马芳，王丰泼. 教育心理学 [M]. 南京：南京大学出版社，2018.

[10] 贾林祥，刘晓峰，石春. 心理学基础 [M]. 南京：南京大学出版社，2018.

[11] 王雪. 基于深度学习路径的高中物理教学策略研究 [D]. 苏州：苏州大学，2019.

[12] 傅岩，吴义昌. 教育学基础 [M]. 南宁：南京大学出版社，2019.

[13] 杨永梅. 基于前置性学习的高中力学单元教学研究 [D]. 呼和浩特：内蒙古师范大学，2022.

[14] 鲍乃源. 高校智慧教学实践模型构建研究 [D]. 长春：东北师范大学，2022.

[15] 吕艳娇. 美国一流大学教师在线教学能力发展外部保障研究 [D]. 哈尔滨：哈尔滨师范大学，2022.

[16] 刘欢. 基础教育数据治理模型构建与底层实践研究 [D]. 上海：华东师范大学，2022.

[17] 陈菲菲. 把握课程内涵，探索课堂变革 [M]. 昆明：云南大学出版社，2021.

[18] 魏宝宝. 教师成为专业能动者的角色重构研究 [D]. 乌鲁木齐：新疆师范大学，2022.

[19] 曹勇. 高校通识教育中的设计课程研究：概念、内容与课题方法 [D]. 南京：南京艺术学院，2021.

[20] 教育部关于印发普通高中课程方案和语文等学科课程标准（2017 年版 2020 年修订）的通知 [J]. 中华人民共和国教育部公报，2020（6）.

[21] 董玉琦，高子男，张慧伦，等. 技术支持的个性化协作式学习实证研究——以高校物理专业 "光的双缝干涉" 教学单元为例 [J/OL]. 现代远距离教育，2023（4）：1-12.

[22] 贾同. 基于知识建构的混合式协作学习设计研究 [D]. 上海：华东师范大学，2021.

[23] 徐颖红. 高校教师在线教学能力现状及其提升策略 [D]. 南充：西华师范大学，2021.

[24] 周俊良. 在行动中构建知识 [D]. 武汉：华中师范大学，2022.

[25] 万圆.美国精英高校录取决策机制研究：多重逻辑作用模型的建构 [D].厦门：厦门大学，2017.

[26] 王诗蓓.面向学习力提升的双师课堂模式构建研究 [D].上海：华东师范大学，2021.

[27] 贾丽萍.大规模开放在线课程（MOOCs"慕课"）版权制度研究 [M].北京：中国政法大学出版社，2020.

[28] 王蕾.NOBOOK 虚拟仿真软件在高中物理教学中的应用研究 [D].通辽：内蒙古民族大学，2021.

[29] 杨帆.可视化技术支持下在线自主学习模型构建及实证研究 [D].长春：东北师范大学，2021.

[30] 越大娥.高中信息技术课程微项目教学法应用研究 [D].重庆：西南大学，2021.

[31] 张玉平.面向初中物理的多模态交互虚拟实验室设计与实现 [D].南昌：江西科技师范大学，2022.

[32] 王冉.美国网络高等教育发展研究 [D].保定：河北大学，2021.

[33] 高筱卉.美国"以学生为中心"的大学教学设计模式和教学方法研究 [D].武汉：华中科技大学，2019.

[34] 阿兰·乔丹·斯塔科.课堂中的创造力 [M].成都：四川人民出版社，2016.

[35] 王芳.我国大学生学习力模型研究 [D].厦门：厦门大学，2019.

[36] 吴舒婷.高中生物学教学中基于问题的学习（PBL）教学模式的应用研究 [D].福州：福建师范大学，2020.

[37] 刘洪翔.促进创造力培养的大学生学业评价研究 [D].长沙：湖南师范大学，2019.

[38] 伏振兴.物理基础教学改革研究 [M].银川：阳光出版社，2019.

[39] 郝淑玲.抽样调查无响应问题研究 [D].太原：山西财经大学，2021.

[40] 康宁.中国高等教育资源配置转型程度的趋势研究 [M].南京：南京大学出版社，2020.

[41] 许欢.国内高校在线课程建设理念演化研究 [D].重庆：西南大学，2019.

[42] 王超.基于教学行为的教师课堂教学表现刻画研究 [D].上海：华东师范大学，2022.

[43] 叶莎.游戏化教学模式下初中信息技术教学的实践研究 [D].石河子：石河子大学，2021.

[44] 尤洪浩.基于数字化实验和智慧课堂的高中物理探究式教学模式研究 [D].济南：山东师范大学，2021.

[45] 韩婷，郭卉，尹仕.基于项目的学习对大学生工程实践能力发展的影响研究 [J].高等工程教育研究，2019（6）：65-72.

[46] 孙煦晗.基于 OBE 理念的高中物理课堂教学改革初探 [D].哈尔滨：哈尔滨师范大学，2022.

[47] 周红芳.开放式国家创新体系论 [D].成都：四川大学，2021.

[48] 金含喆.基于物理学科核心素养的初中物理习题教学研究 [D].沈阳：沈阳师范大学，2022.

［49］贺文佼．基于模型建构的物理概念教学设计研究［D］．伊宁：伊犁师范大学，2021.

［50］陆道坤．教师专业发展［M］．南京：南京大学出版社，2021.

［51］范宝涵．情境教学在高中物理教学中的应用研究［D］．哈尔滨：哈尔滨师范大学，2022.

［52］李开复，陈楸帆．AI未来进行式［M］．杭州：浙江人民出版社，2022.

［53］李晓晨．高等教育大众化理论视野下的中国现代远程教育研究［M］．太原：山西经济出版社，2021.